けだま

浜島直子

大和書房

はじめに

昔よく聴いていた音楽をふと耳にした時、その当時の記憶がブワッとよみがえることがあります。

記憶ボタンが押され、その時の感情がありありとよみがえる瞬間。

人によってはそれが匂いだったり、景色だったり、言葉だったりするかもしれません。

私の場合なのですが、なぜかそれが「服」であることが圧倒的に多いのです。

正確にいうと、服だけじゃなく靴や鞄やマフラーなどの小物類も含めた、「身につけるもの全般」。

何かしらの衣服を見て何かしらの記憶ボタンが押された時。

もしくは、記憶を辿《たど》った時に深く導いてくれるのが、衣服。

その瞬間の映像がくっきりと頭に浮かび、温度や匂い、埃っぽさやじっとり汗ばんだ肌感など、その時抱いていた感情と共に生々しく思い出され、しばし時間旅行を楽しめます。

時々思うのです。

今この瞬間は可もなく不可もなく、ただ粛々《しゅくしゅく》と過ぎていく時間の連《つら》なりだとしたら、過ぎ去ったその時間にどんな意味を付け、どうやって自分の中で着地させるか。

ラッキーだったのか。アンラッキーだったのか。

自分にとってはどんな栄養分になったのか。

もしくは、意味なんて付けずにただ景色として眺めていくのか。

その作業を繰り返すことで、少しずつ少しずつ、バウムクーヘンのようにふくよかな人生になっていくのではないかと思うのです。

今回書かせていただいたものは、「服」を入り口にした、なんてことない日常の話。

誰しもそうであるように、楽しいことばかりではない日常という名の自分の世界。

でも、愛してやまない日常の風景。

モデルという仕事柄華やかな服を想像される方もいらっしゃるかもしれませんが、いいえ、違います。

時には都会の輝きに圧倒され、時には親との関係にギクシャクしたり感謝したりし、時には泣き止まない息子に悩み、時にはお洒落になりたいと人の真似をして、時には女友達に救われる。

そんな普通の人が書きました。

もしこれを読んでくださった方が、どこかのタイミングで記憶ボタンが押され、時間旅行に行くお手伝いができたなら、こんな嬉しいことはありません。

浜島直子

『けだま』目次

けだま

逆上がり

息子の小学校入学準備のため保護者説明会に行ってきた。給食費の自動引き落としのための口座開設、防災頭巾《ずきん》とそれを入れる袋の用意、鉛筆は無地でＢか２Ｂのものを５本、ランチョンマットのサイズ指定、他にも山ほどの揃《そろ》えるべきものがあり、それらすべてに名前をつけること。その面倒臭さを想像するだけで魂がするりと頭のてっぺんから抜けていきそうだった。しかし雑務の多さよりも何よりも、驚いたことがあった。

体育の時間は運動着に着替えるということ。

そして上履《うわば》きは指定の店で買った白い靴で、朝それに履き替えたら下校するまでの間、ずっとそれを履いているということ。つまり、体育の授業はみんなお揃いの服で、お揃いの靴でやるということ（息子の学校のグラウンドは人工芝）。

私の生まれ育った北海道では、小学校で運動着に着替えた記憶が一度もない。父の仕事柄転勤が多く道内の小学校を3回変わったが、どの学校でも家から来た時の格好のままで体育の授業をやっていた（もう35年以上も前のことなので今はまた変わっているのかもしれないが。そして私立と公立でもだいぶ条件が違っていたであろう）。

せいぜい気をつけていたことといえば、体育の授業がある日はスカートではなくズボンを履いていくということくらい。たとえそれが伸びにくいジーンズでも、フリルのついたキュロットでも誰も気にしていなかった。

そんな道産子少女も東京に出てきてだいぶ経ち、近所の小学校の前を通る時は揃いの運動着の子どもたちの姿を幾度となく目にしてきた。ちびまる子ちゃんやサザエさんでも、白いTシャツにネイビーの短パン姿で体育の授業を受けるシーンを全く違和感なく眺めていた。

もう何年間もずっとそうやって、「ただそこにある光景」として当たり前に受け入れていたのだが、息子の入学というグッと自分の生活圏内にそれが侵入してきた途端、まるで違う国の文化に触れた時のように新鮮な驚きがあったのだ。

年に2回。夏と冬のボーナスが出た時、母と姉と私の女3人でやいのやいの言いながら新しい服を買いに行くのが習慣だった。姉のお下がりがもらえる私は滅多に新しい服を買ってもらえなかったので、年に「たった2回」のチャンスは失敗の許されない、まさに真剣勝負。

しかし靴はというと話は別で、ボーナスの時期でなくとも申し出ればすぐに新しいものを買ってもらえた。今考えれば単純明快だが、サイズの合わなくなった靴はきつくて痛い。子供に痛いと言われれば、それが年に何回だろうと買ってしまうのが親心というものだ。

こちらに権利があるとなると少し気が大きくなっていたのか、私がその時選んだ靴はスニーカーではなく、赤と白のデザインの合皮の紐靴だった。

英国紳士が履いているウイングチップのような形をしていて、全体的には白ベースなのだが、紐は赤。そしてつま先、踵《かかと》、紐を通す穴の部分にも赤い合皮があしらわれ、縫い目に沿ってパンチングのようなデザインが施されていた。

形だけ見るとトラッドで品があり、ちょっとどこかにお出かけするときに良さそうだ。しかし、その硬派さを一瞬で壊すド派手な色使いに、5年生の私は心摑《つか》まれてしまった。国会議事堂で紅白歌合戦が行われている。なんじゃこりゃ。なんまら可愛い。見たことがない。履いたこともない。何より、誰ともかぶらない。足元に訪れた春にすっかり心奪われ、毎日スキップするようにトキメキを履いて学校へ行った。

ある日、逆上がりのテストがあった。

もう何週間も前から体育の授業のメイン項目で、その日でひとまず一区切り。できなかった生徒は放課後に残って先生から特訓を受けることになり、私ももれなくその一人となった。

もともと運動が苦手な私は一度も逆上がりができたことはなく、ブンと投げ出した脚はいつもぶざまに砂埃《すなぼこり》を立てるだけ。悔しいといえば悔しいような気もしたが、「これに一体何の意味があるのか」とも思っていた。

しかしみんなと同じようにできないということが単純に恥ずかしく、自分だけ異物になり枠からはじき出されてしまいそうで、そちらの方が心配だった。

数名の居残り組に混ざりグラウンドへ向かう。私の不安を映し出したかのように、紅白の靴も茶色く薄汚れていた。

先生の励ましと指導のもと、ひとり、またひとりと成功し、達成感のある嬉しそうな表情で皆帰って行く。気がつくと鉄棒の前には、私と先生しかいなくなっていた。

担任のM先生は潤んだ大きな瞳がゴリラに似ていることからゴリーと呼ばれ、生徒たちから大人気の男の先生。大人になった今でもとても仲良くさせてもらっているが、当時から全くお人柄が変わらず、とても優しくユーモラスで、いつも私たちと一緒になって遊んだりふざけたり、悩んだりしてくれた。

「浜ちゃん、ほれ、こうやって勢いをつけて、タタタッと踏み台を登ってごらん」

どうしてもできない子に何とか逆上がりの感覚を覚えてもらおうと、跳び箱の踏み台を斜めに立てかけ、それを駆け上がる勢いで脚をグイッと持ち上げるという方法だ。

先生は援助するために踏み台の横でスタンバイしている。トレードマークのモスグリーンのジャージがいつもより頼もしく見える。

私が意を決し、タタタッと駆け上がった絶妙なタイミングで、先生はサッと腕を伸ばし、私の脚を持ち上げて、鉄棒のあちら側にえいっと押してくれた。

初めてグルンと回ることができた。回れた。私が回れた！

世界がグルンと一回転した感動を、静かに噛《か》みしめた。

「おぉ。すごい！　ほれ、やればできるしょ。今度はもっと勢いをつけて自分で頑張ってごらん。浜ちゃんならできる！」

私は先生に励まされ、何度も何度もタタタッと踏み台を駆け上がった。

「浜ちゃん、空を蹴飛《けと》ばすみたいに脚を思いっきり上に上げてごらん。前じゃなく、空を蹴るように。その時、腕にグッと力を入れて鉄棒を自分の胸に引き寄せるのさ」

タタタッ、グッ。タタタッ、グッ。

「だんだん良くなってきてるしょ。コツさえ摑めばできるようになるから、ほれ、もう少し頑張ろう」

今日のテストのために公園で手にマメができるほど練習したことを思い出していた。マメを爪でぎゅっとつまんでみるとパッと白くなり、透明の分厚い壁が見えた。見ているうちにだんだんその壁の厚さが自分自身ではないような気がしてきて、家に帰り、爪切りの角でマメを切り落とした。

切り落としたマメはただの皮となり、ただの皮はカラカラに干からびたただのゴミとなった。

タタタッ、グッ。タタタッ、グッ。

「少し踏み台を高くしてみようか。そしたら脚がもっと上に行きやすいしょ」

先生は踏み台の角度を少し上げようとしてくれたが、私は踏み台に足を乗せたままどかさなかった。

そして「どうせツルツル滑ってできないから、いいよ」と、ふてくされたように靴の裏を踏み台にこすりつけた。グラウンドに似合わない靴は、踏み台にはもっと似合わなかった。

「そんな靴履いてくるからさ」

先生はいつもの愛情小競《こぜ》り合《あ》いの雰囲気でそう言った。少しおどけたような優しい声色《こわいろ》から、私の靴を否定したわけではないことは十二分に伝わってきた。むしろ、「浜ちゃんならできるよ」という励ましの温度が感じられた。先生はいつもそうだった。いつも味方でいてくれた。そして先生が本気で生徒を叱っている時は、怒りよりも悲しみが感じられた。

私は自分の靴をまじまじと眺めた。こんな素敵な靴で毎日学校に行けるだなんて、本当に嬉しかった。足元にいつも花が咲いたようにウキウキし、身体もふわりと軽く感じられた。合皮のチープさはあれど、だんだん足に馴染《なじ》んで私だけの皺《しわ》ができてくると、ますます相棒感が増した。

相棒は今、茶色のベールをかぶり、どうか私を見ないでくださいとひっそり身を隠しているようだった。靴の履き口のラインに沿って白い靴下も茶色くなっている。

空がとても綺麗だった。

私が通っていたその富良野の小学校はグラウンドがとても広く、鉄棒やブランコのある遊具スペースの他に、野球とサッカーが同時にできるほどの運動場、がんばり山という名前の小山も敷地内にあり、夏は青草が生《お》い茂りゴロゴロと転がりながら遊び、冬は雪に覆《おお》われミニスキーやそり滑りを楽しんだ。

とてもよく晴れたその日は風も爽やかで気持ち良く、運動場では少年野球団が練習をしている。

足元を見ると、カラカラに乾いた私のマメが踏み台の板の隙間に挟《はさ》まっていた。

しかしそれはよく見ると、ただの枯葉のかけらだった。

「先生、私、逆上がりができなくても、きっと人生楽しいと思う」

自分でもなぜそんなことが口から出たのか驚いたが、しかしまっすぐに先生の目を見て、まっすぐに言っていた。

先生は真顔になり、ピタリと時間が止まる。

しまった。なんてことを言ってしまったのか。怒らせてしまっただろうか。こんなに一生懸命教えてくれているのに。どうしよう。

じっと私の顔を見ていた先生は次の瞬間、少し困った顔で笑った後、ゴリラのようにフンッと鼻から大きく息を吐いて、

「浜ちゃん、帰ろっか」

と言った。野球少年たちの声が先生の肩越しに聞こえてくる。

「うん」

そう言うと私たちはニヤリと笑い合い、踏み台を片付け始めた。

のっぺらぼうと白いシャツ

どちらかというと、地味な顔だと思う。愛くるしい黒目がちでもないし、顔全体の凹凸も少なく、しっかりファンデーションを塗ると頬が広く見え、おたふくお面のようになる。だからなのか、シンプルな白いシャツを着るとたちまち10歳は老けて見え、透けて向こうが見えるほど存在感がなくなる。要するに、いまいちパッとしないのである。

しかしお洒落に興味を持ち始めた10代の頃、アルバイトの初給料で買った記念すべき洋服は、「アニエス・ベー」の白いシャツだった。

自分に似合うとか似合わないとかそんなことは考えもせず、そのシャツが載っていた雑誌のページを溶けて無くなるほど眺め、触り、めくり、なぞり、とにかくアニエスの白いシャツが欲しくて欲しくてたまらなかった。

初給料が出た週の日曜日、ウキウキと札幌三越2階の「アニエス・ベー」まで行き、店員さんにも相談しながら何度も試着し、私にぴったりの最高の一枚を手に入れた。はずだった。家に帰ってから母の鏡台の前で再び着てみると、あれ？　なんだか違う……。

私が選んだ白シャツは、柔らかな綿１００％のものだった。まるで水分を含んだようにしっとりした手触りで、腕を通すとひんやりとした感覚があり、桜の花びらがソワソワと腕の産毛《うぶげ》を撫《な》でていくようだった。他にも青白いほど真っ白でシャキッとしたハリ感のあるものもあったが、その生まれたての真珠のようなストイックさを保つにはアイロンがけが必須になるだろう。ズボラな性格が決め手となり、ソワソワとしなやかな方にした。

サイズだってちゃんと試したはずだ。天然肩パットと呼ばれている私の肩は、いかり肩な上に幅も広く、飼っていたインコが乗っている姿はラピュタのロボット兵にそっくりだった。だから少しでも華奢《きゃしゃ》に見えるように肩の縫い目がほんの少し内側にくるサイズにした。そう。きちんと吟味したのだ。

きらびやかな店内の大きな全身鏡には特別なお嬢様が映っていて、これからバイオリンのお稽古に行かなくちゃいけないからケーキは帰ってからいただいた方がいいかしらと、しとやかに悩まれているようだった。しかし今目の前の古びた母の三面鏡には、突然井戸の底から引き上げられたのっぺらぼうが、居心地悪そうにおどおどと立っていた。

落ち込んでいても仕方がない。せっかく頑張って働いたお金で買ったのだから元を取ろうと、あれこれ試してみた。ボタンは全部閉めた方が良いのか、襟《えり》は立てるか、袖は、裾《すそ》は……。

服の海を自由に泳げるほど、高校生のクローゼットにはアイテムも知恵もまだ詰まっていない。体験して、失敗して、習得するしかない。

ある日学校の社会科見学に私服で行くことになった。

当日の朝は母の三面鏡の前でシャツのボタンをいくつ開けるか15分悩んだ。悩んだ結果2つ開け、2つ目と3つ目の真ん中あたりを外から見えないよう安全ピンでとめた。こうすれば胸元が大きく開きすぎることもなく、いかり肩も窮屈すぎることもない。パジャマに見えないように裾をブルーのスリムジーンズのウエストにぎゅっと入れ、襟を立て、頭をフル回転してガチガチのナチュラルを仕込んだ。

その日得たものは、着崩れは着こなしと大親友だということと、風は時として優秀なスタイリストになるということだった。

ある日は友達と買い物に行くことになった。

その日はシャツのボタンを全部閉め、黒のロングスカートを合わせた。筒のようにストンとしたシルエットで後ろにスリットが入っているロングスカートはどことなく堅い雰囲気で、それに白いシャツを合わせた途端、古い絵本に出てくる意地悪な学校の先生のようになった。ボタンを開けても閉めても意地悪は封じ込めず、悩んだ末にサスペンダーを合わせることにした。雑貨屋で買ったグレイのサスペンダーにはひし形のアーガイル模様がプリントされていて、モノトーンの堅い雰囲気が一気にカジュアルになり、「意地悪な先生のコスプレを楽しんでいる」感じが、優しくかもし出された。

その日得たものは、服は心の皮膚だということと、一番のアクセサリーは自信だということだった。

普通に着るとパッとしないものだから、どうすれば少しでも小粋なパリジェンヌになれるのか、のっぺらぼうの頭はいつもそのことでいっぱいだった。何度も失敗して、体感して、また失敗した。小粋さは空気感なのかもしれないとラフに着ようものならたちまち疲れたおばさんになり、白いシャツの難しさと奥深さを痛感した。

夏休みの最終日、友達と一緒に雑誌のイベントのファッションショーを見に行くことになっていた。

これは一大事だ。ただ買い物に行くだけではない。そこはお洒落が大好きな女子たちがわんさか集まる場所なのだ。

何日も前から寝ても覚めてもコーディネートに悩み、真っ先に決めたのは、やはり白いシャツだった。

ベーシックにブルージーンズに合わせるか。チノパン素材のキュロットに合わせてボーイッシュにするか。それともタータンチェックのプリーツスカートに合わせてトラッドスタイルにするか。鏡の前で一人ファッションショーを繰り広げては、いまいちパッとしないのっぺらぼうのまま、白シャツと下着姿のままでボーゼンと立ち尽くした。まだか細いセンスの糸はチリチリとこんがらがり、ぐしゃりと溶けて心を暗く染めていった。

一旦シャツを脱《ぬ》ごうとボタンを全部外《はず》した時だった。ふと鏡を見ると、キャミソールの上にシャツをカーディガンのように羽織った状態になり、ハッとした。

そうか。今までシャツをシャツとして着ることばかり考えていたけど、もっと自由でいいんだ。シャツに着られるんじゃない。シャツを着るのでもない。

シャツを楽しむことだ。

何かがカチリと音を立て、扉が開いたような気がした。そしてチリチリと糸がまたつながりだした。

当日、黒のスリップワンピースを着た。「ナイスクラップ」で買ったばかりのお気に入りで、サラサラしたロング丈の下着のようなキャミソールのワンピースだ。それに「フィン」の茶色のメッシュサンダルを合わせ、「ドゥファミリィ」の生成りのキャンバストートバッグを合わせた。バッグの取っ手は茶色の革になっていて、サンダルの茶色い革紐とリンクしているように見えた。

そして、ワンピースの上に洗いたての白いシャツをふわりと羽織り、ボタンは全部開け、ウエストで前をキュッと結んだ。

立てた襟もまくった袖も、午後には程よく私の輪郭となっているだろう。

風が背中を膨らませ、包まれている身体を華奢に見せてくれるだろう。

シンプルだがささやかなこだわりを今大切にしていること、伝わるといいな。

私はこれでいいんだ。堂々と行こう。

――さあ、行こう。

その日、会場でモデルになりませんかと声をかけていただいたことが、私にとって人生の大きなターニングポイントになったのは言うまでもない。

やっとのっぺらぼうがパリジェンヌになれた、わけではなく、40代の今でも生活のほとんどはのっぺらぼうだ。

しかしあの頃とは違い、それが今は心地よいと感じているのだから、長い月日の間で随分と図太い糸がチリチリとつながったんだなぁと、なんだかおかしく思う。

それはきっと、失敗しても失敗しても諦めなかった私への、白いシャツからのプレゼントなんじゃないかと思う。

ジーンズと光と

中学生の頃、あるＣＭに衝撃を受けたことがある。

おそらくパリジェンヌであろう17歳くらいの女の子が、誰かと電話したり、地下鉄に乗ったり、上半身に何も身に付けずベッドで寝ていたりというショートムービー風のＣＭで、その女の子が朝起きてシュッと勢いよくジーンズを履いた。

ジーンズに包まれた脚は細く長く、カツカツカツと街を闊歩《かっぽ》してぐんぐん進んで行く。それに合わせて彼女のフワフワのロングヘアーが肩の後ろで上下する。まっすぐに前を向いて歩く姿は希望に満ちていて、街も風も光も彼女を歓迎しているように見える。

「女の子は、かならずきれいになる。サムシング」

というナレーションを聞いた後、私の中でぐっすりと眠っていた何かが目を覚まし、むっくりと起き上がって「喉が渇いた」と言った。

トーパパーポーペーペーポー　ピプープーペパー　ピープープーペーペポー

パーピープペー　パピプペーペポー　パピプペペポーパーポポー

そのCMで流れていた曲が、フランスの女性歌手エルザの『哀しみのアダージョ』という曲だということを知ったのはだいぶ大人になってからで当時は何語かすらもわからなかったが、それ以来ずっと朝起きる時も、制服に着替える時も、ご飯をおかわりする時も、学校へ急ぎ足で向かう時も、トーパパーポーペーペーポーは頭の中で鳴り続けた。

彼女は学校で一番チャーミングだった。

ショートカットで、少年のようにスラリとした体型はイノセントで雌の匂いがせず、ケラケラと笑っていたかと思えば眉毛を大きく上にあげ驚いたり怒ったりして、自分の持っている魅力をきちんと理解して楽しんでいるようだった。

学校で一番の人気者の男子に告白され付き合うことになったのも、彼女の魅力を引き出すためのオプションだった。休み時間のたびに彼女がメンターム薬用リップを塗ると女子はみんな真似をして塗るようになり、彼女がジャージの裾を折り曲げていたらみんな折り曲げるようになった。

そして私は、彼女の眉毛が上がったり下がったりするたびに、二重瞼の幅が広くなったり狭くなったりして目の印象が変わることを人生で初めて知った。

そもそも二重瞼という仕組みを意識したことがなかったから、とても不思議だった。どうしてこんなところに皺があって、しかもアイロンがかけられたようにピッタリと折り畳まれて瞼の中に入り込んでいくのだろう。

私は生まれつきは一重瞼だが、時々奥二重になったり、どちらか片方だけ二重になったりして、その時は「なんか目がいずいな」と思っていた程度で（いずいは北海道弁で居心地が悪いだとか不快だという意味）、自分の顔の細部をまじまじと観察することがほとんどなかった。

家に帰り、机の引き出しの中をガサゴソとまさぐる。確かここに一つあったような気がした。昔薬局で父が何かを買った時におまけに付いていた、小さな鏡。湿布を買った時だったろうか。いらないからと言って私にくれたのだが、使うことなく引き出しに突っ込んだ記憶があった。

ガサゴソとドキドキは混ざり合い、引き出しの中で散乱していたプリントもシャープペンシルも学級写真もサンリオで買い物した時にもらえるオマケのおもちゃも全てその他となり、色も形も意味もなくなった。そしてその他の中からやっと見つけて取り出したのは、まるで湿布のような白い正方形の、プラスチックの小さな鏡だった。

そっと鏡を開き、自分の顔をじっと見つめると、今日は右目が奥二重になっていることに気がついた。彼女の顔を思い浮かべながら眉毛を上げたり下げたりしてみると、まつ毛が昆虫の触覚のようにくいくいと動く。その時生まれて初めて、自分のまつ毛がとても短いことを知った。チクリと小さな棘《とげ》が刺さり、トーパパーポーペーペーポーを一時停止させた。

ある日、塾に向かう途中の彼女を見かけた。緑のタートルネックのスウェットに細身のブルージーンズ、そして紫のラインが入った白のプロケッズのスニーカーを履いていた。スウェットの裾を全てジーンズに押し込み、ふわりと緑の花が咲いたように見える膨らみは、彼女のウエストを余計に華奢に見せた。

次の日学校で彼女に、昨日の服はどこで買ったのか尋ねると、富良野で唯一のジーンズショップ「サトミ」で買ってもらったこと、そしてジーンズはサムシングだと教えてくれた。

商店街にそんなお店があるなんて。しかも、あのジーンズがすぐそこにあるだなんて……。

――――喉が渇いた。喉が渇いた。水をくれないか。もうカラカラなんだ。

知らなかったことの連続の日々は叫び声を大きくさせ、内臓をグラグラと動かした。そして内臓が揺れていることを悟られないように「あぁ、サトミか」と言って、なるべく当たり前のように薬用リップを塗った。


「一生のお願いなんだけど、サムシングのジーンズ買ってくれない？」

寝転んでテレビを見ていた父にそう言うと、「えぇ？」とおどけた声で顔だけ上げた。そして「何回目の一生のお願いさ。この前アイス買ってやったしょ」と、八の字に眉毛を下げ困った顔で笑った。

テーブルの上には器の中でピラミッドのように積まれたミカンが置かれていた。中に一つ、強くぶつかった形跡のあるミカンがあり、じゅくじゅくと色が変わり腐り始めている。

「だからもうだ〜め」

「お願い。もう、二度と言わないから」

父の眉毛がピクリと上がった。

そして身体を起こし「え〜。なんだっちゅうの」といつもの口癖でとぼけてみせた後、瞼に糊を塗り二重の線を固定している娘の顔をじっと見つめた。腐りかけのミカンが息を潜め二人の会話を聞いている。
フーと大きく息を吐いた父は、「そのジーンズ、どこに売ってんのさ」と、困った顔で笑って言った。

父に連れられ初めてサトミのドアを開けると、先輩が着ていたナイロンのジャンパーや、好きな男の子が着ていたパーカーを見つけ、ドキマギしながらも店の中へと進んで行った。一番奥の壁がジーンズの棚になっていて、私にとっては初めて見る世界遺産のように、巨大な力がそこに封じ込められているような圧巻の光景だった。

壁一面に並べられたジーンズはブランドごとに分けられ、それぞれ絶妙な色のグラデーションで配置されていた。そしてよく見ると微妙にシルエットが違ったさまざまな種類があることを初めて知った。

初めてだらけのことに緊張し父の顔をチラリと見ると、堂々と驚いた顔で「すごいたくさんあるしょ。びっくりだなぁ」と言った。父がいてくれて本当に良かった。

スリム。ストレート。ボーイズシルエット。フレア。それぞれに書かれているほんの数行の簡潔な説明書きを何度も何度も読むと、ＣＭの女の子も学校で一番チャーミングなあの子も、おそらくスリムを履いていたのだろうとわかった。

店員さんが「普段何インチですか？」と尋ねてくれたが、インチという聞いたことのない単語に顔が固まる。よくよく考えてみれば、ジーンズそのものを生まれて一度も履いたことがなかった。普段はジャージか、ウエストがゴムのズボンばかり履いていたのだ。

「わかりません。ジーンズを履いたことがないんです」

病院で診察してもらう時、その医者が知り合いだとしたら服を脱ぐのが恥ずかしいが、赤の他人の前では素直に胸を開くことができる。

店員さんはにっこり笑って「そうですか。では28インチから試してみましょうか」と言ってくれた。

試着室に入り、ウエストがゴムのベージュのズボンを脱ぎ、ブルーのスリムジーンズに手をかける。焦げるほど憧れたあのジーンズが、今目の前にある。内臓が揺れる。

ボタンを外し、ファスナーを下ろす。右脚を入れてみると、キュッとふくらはぎを掴まれたような緊張感がある。左脚も入れ、すっぽりお尻を包み、ぐいとファスナーを上げる。脚に、お腹に、お尻に、魔法がかかる。

最後にボタンをしようとするが、それは今までに経験したことのない硬さで、無理矢理押し込もうとすると指が赤くなる。さらに押し続けると指は変な形で凹み、腐ったミカンのように色が変わっていく。

――喉が渇いた。喉が渇いた。もたもたするな。何してるんだ。

その時店員さんが声をかけてくれた。

「大丈夫ですか？　もしボタンがしにくい場合は、ウエストをぎゅっと摑んで寄せて、ボタンを横にスライドさせるように入れてみてくださいね。最初は硬いですが、少しずつ伸びますので、だんだん履きやすくなると思います」

言われた通りにやってみるとスムーズにボタンができ、やっと魔法を閉じ込めた。

これが私の身体なのか。

剝き出しのシルエットは誤魔化しがきかず、恥じらいを不機嫌さで隠す。しかしグラグラの内臓からは隠しきれない嬉しさが溢れ出る。

これが、私の身体なのか。

魔法がかかったお腹はぺたんこで、キュッと締められた脚はふくらはぎも太ももも、ピンと敬礼しているように細く長く見えた。

凛《りん》と伸びた幹が枝葉を魅力的に見せるように、上半身まで色濃くなり全体がはっきりとした輪郭となる。潤い、満たされ、成熟した葉は、幼さに優しくキスをする。

私の中に風が吹き、光が差し込む。

あのＣＭの女の子も、学校で一番チャーミングな彼女も、この瞬間を味わったのだろうか。サナギの中で折りたたまれていた羽をゆっくりと伸ばし、広げ、自分の可能性に恋をする瞬間を。

――光の中へ。光の中へ。もう止められないよ。準備はいいかい？

試着室のカーテンを開けた。

魔法がかかった娘を見て、父は眉毛をくいと下げ、困った顔で優しく微笑んだ。

トーパパーポーペーペーポー　ピプープーペパー　ピープープーペーペポー

パーピープペー　パピプペーペポー　パピプペペペーポーパーポポー

シスターモデルの七つ道具

何年か前のご飯会で、久しぶりに会ったカメラマンにこう言われたことがある。

「はまじ、昔はいつも怒ってたよね」

思いもよらない言葉になんと答えたら良いのかわからず、片手にビールグラスを持ったまましばらく固まってしまった。

怒っていた？　私が？

なぜだろう。なぜ怒っていたのだろうか。全く思い当たる節がない。誰かに何か理不尽なことをされたけど反撃できずに腹を立てていたのか。いや、それならば7倍にしてやり返せという母の言葉を思い出し意気揚々と性格の悪さを発揮して声高らかに笑っていたのではないだろうか。少し弱々しい方が男子にモテるのになぁというのが悩みだったくらい、ちょっとやそっとのことでは屁とも思わない少女だったのだ。というか、誰かにそんな嫌なことをされた記憶はなく、やり返した覚えもない。

それならば、自分の写真のカット数が他のモデルたちよりも少ないと、ジリジリ妬《ねた》んでいたのだろうか。うん。それはあるかもしれない。私は表紙を飾るような花形モデルではなかったので、いつもメインモデルたちの眩《まぶ》しさが羨ましくてたまらなかった。結果的にそれは早々に自分を客観視するカギとなり、次の扉を開ける原動力となったけれど、当時は単純に羨ましくて、朝起きたらあの子の顔になっていたらいいのになぁと思ったこともある。そうか、それで昔の私はいつも怒っていたのか……。

いや、違う。何か違う気がする。もし他のモデルたちに対する嫉妬が顔に表れていたのだとしても、「いつも」怒っていたということにはならないような気がする。確かに羨ましかったけれど、それを「いつも」仕事現場でわかりやすく表現するのは、いくら単細胞な私でもあまりにも浅はかすぎるし、根性がありすぎる。

根性がありすぎるというのは、負の感情は体力を奪いどっと疲れてしまうので（私の場合だが）、自分が可愛いあまりに早々にこちらから降参してしまうからだ。適当な理由を見つけては「だから私には必要なかったのか」とさっさと落とし前を付け「自分はラッキーだったんだ」と無理矢理思い込み、わざとスキップを始める。何度もそうやって根性よりもずるさを優先し、鈍感力を磨いてきたのだ。

そもそも、私は本当に怒っていたのだろうか。

そのカメラマンによく会っていたのは『mc Sister』というティーン雑誌で専属モデルをしていた時だったから、19歳頃。札幌から上京し、当時よく通っていたスタジオに行きやすいという理由だけで、井の頭線の久我山駅から徒歩10分くらいのアパートに住んでいた。

家を出てから駅に向かう徒歩10分はいつも前のめりで、気持ちばかりが前に出て頭を突き出すようにして歩いていた。うねうねとした細い道の住宅街。前に前にと単調なリズムでぐんぐん進む靴先は、強い意志を持った生き物のようだった。それはだいたい「コンバース」の生成りのスニーカーで、スタジオでも脱ぎ履きがしやすいローカットを愛用していた。

「コンバース」のスニーカー、「エルベシャプリエ」のトートバッグ、「セントジェームス」のボーダー、「プチバトー」のTシャツ、「アクアヴェルデ」のパンツ、「アニエス・ベー」の時計、「サザビー」の手帳。

当時仲良しだったモデル仲間と冗談半分で決めた『シスターモデルの七つ道具』。読者の頃から毎月のように誌面に登場していた定番のアイテム。これを持っていることがシスターモデルの証《あかし》だと、まだおぼろげな自分たちの自信に制服を着せ、互いの存在を確認し合っているようだった。

仕事がない日はだいたい買い物に出かけた。渋谷、下北沢、吉祥寺。どこに行っても見るもの、聞くもの、食べるもの全てが新鮮で発見に満ち溢れていて、どんなものでも生命力を燃やす燃料に変わっていった。

渋谷スペイン坂の大中でペラペラのブリキのおもちゃを買い、坂を登り切ったところにあったイーストボーイカフェでハンバーガーを食べた。セットでついていたカーリーフライはいつもカリカリに揚げられ、他で食べるフライドポテトよりも香ばしい味付けと、これは太りそうだなという背徳感がやみつきになり、しょっちゅう仲間たちと通っていた。洋服に関して言えば、お金をそんなにかけずに買い物欲を満たしてくれる古着屋巡りが多かった。ヨーロッパの小さな村でおばあちゃんが着ていたようなコットンの白いスモックブラウスや、エキゾチックな柄のインド綿の柔らかなスカート。どれも一目惚れの「好き！」と人の目を意識した「アリかな？」の狭間で揺れ、それをワイワイと仲間たちと吟味し、褒め合い、不安を安堵に変えていた。

一人になった帰り道の徒歩10分はいつも寂しくなってしまったけど、そういう時は今日買った服をどんなふうに合わせるか考えるようにしていた。白いスモックブラウスは「アクアヴェルデ」の黒のパンツに、インド綿の柔らかなスカートは「プチバトー」の紫のTシャツに合わせよう。そう思うと足取りも軽くなり、コンバースもウキウキと弾みだした。

その時の仲間たちというのは、シスターモデルの中でも地方上京組のことだ。まだ学生だった頃、毎週金曜日に学校が終わると、札幌、大阪、福岡などから東京に向かい、編集部がとってくれた新橋のビジネスホテルに泊まっていたいつものメンバー。

少女たちの夜は長く、坂を転がるように変わっていく会話を一緒に笑いながら転げ落ち、自分の身体以外は全て、未来も過去も不安も部屋の外に置いてきたように、今この瞬間を心から楽しんでいた。

そして「今までの自分の正しさ」が東京ではズレていないか、会話の端々に滲む温度の違いや、言葉の裏側に隠れている小さな揺らぎから、ここでの平均をいつも確認し合い、自分たちは間違えていないんだと無意識に励まし合っていた。

彼女たちがいてくれて本当に良かったと、しみじみ思う。

不安を共有できる相手がいるだけでどれほどの救いになるか。もしあの時一人だったら、大都会を恐怖の色眼鏡で見てしまい、踏ん張る前に心が風邪をひいてしまっていただろう。

彼女たちと笑い、お揃いのセントジェームスのボーダーを着て、これでだいじょうぶだと支え合っていたあの頃。この七つ道具さえあればどんな物でも着こなせる、どんな場所でも堂々と行けるという私たちの平均。それはお守りのように安心感を与えてくれた。

ある日、撮影現場のランチでカレーを注文することになった。

カレーと言っても定食屋のカツカレーなどではなく、本格的なインドカレーだった。メニューが回ってきたが、どれがどんなものでどんなふうに美味しいのかさっぱりわからなかった。

その日はたまたま地方上京組のいつもの仲間はいなく、実家から通っているベテラン先輩モデルたちの都会的な雰囲気に圧倒されていた。

今思えばどの先輩たちもとても優しく、都会的で洗練されている様を勝手に冷たさに置き換えていたのは完全にこちらの劣等感のせいなのだが、この輪の中に自分が飛び込むことによって波長が乱れてしまうんじゃないか、そして私は乱したあげくに無様な笑い物になるんじゃないかと、緊張は萎縮に変わっていた。

私はただ目を白黒させ、じっとメニューを睨むしかなかった。どうしたら良いのかわからず固まっていたら、先輩モデルの一人が「迷うよねぇ。バターチキンカレーもいいけど、この前食べたほうれん草のカレーもおいしかったよ。そうだ、いろいろ頼んで、みんなでシェアしよっか？」と言った。シェア？　と思ったが「シェアってなんですか？」とは聞けず、ただ頷いた。

「ナンも頼んでみんなで食べよう。ガーリックナンも食べたいな」ナン？

「ラッシーはどうする？　頼んでいいかどうか聞いてみよっか」ラッシー？

「ここのサフランライス、すごく美味しいからライスも頼んでシェアしよう」サフランライス？

　さらさらとメニューが決まり、内心とてもホッとしていた。

届いたカレーがずらりとテーブルに並べられ、ナンをみんなでちぎり、サフランライスを取り分け、カレーの辛さをラッシーで流した。私は先輩たちの真似をしながら、黙々とカレーを食べた。

　家に帰ってからお風呂に入ろうと服を脱いだ時、その日着ていたセントジェームスのボーダーにカレーのシミが付いていることに気がついた。

　ネイビーと白のボーダーの袖にちょこんと小さく付いたカレーのシミは、昼間の緊張を思い出させた。これは何の種類のカレーだろうか。バターチキンカレーだろうか。あの先輩が言っていたように、とても美味しかったな……。

そうだ。美味しかったし、なんだか楽しかったじゃないか。

メイクルームではマスカラの上手な塗り方を教わり、昨日のお笑い番組の話で盛り上がった。今付き合っている彼氏のことで先輩は悩み、私はこんな綺麗な彼女を悩ませるだなんてと心の中で思った。撮影では「暗くてシャッタースピードが遅いから止まってね」とカメラマンに言われ、息まで止めそうになった。そうか、暗い時はなるべく動かない方がいいのか。そして分け合うことをシェアということ、ラッシーを頼んでいいかどうかは編集部の人に聞くことを学んだ。なるほど、その日の予算があるから、好き放題頼まずに、そっと配慮することもああいう場では大人として大事なんだな。

私はその日集めた経験を一つずつ引き出しにそっとしまい、平均を新しく更新した。

もう、緊張はすっかり解けていた。セントジェームスのボーダーは、最初の洗濯ではギュッとワンサイズ縮むけれど、そのあとは何度洗ってもへこたれないのが売りだ。もう縮まない。大丈夫だ。汚れたら何度でも洗って、自分の身体に馴染ませよう。そしてもしも今度仲間たちとインドカレーを食べに行くことがあれば、バターチキンカレーが美味しかったよと教えてあげよう。

彼女たちの笑い声を思い出し、自然に笑みがこぼれた。

結局その時はビールを片手に持ったまま固まってしまい、笑って誤魔化すしかなかった。しかし根性よりずるさを優先して言わせていただけるのであれば、そんな風に言い合えるほどの信頼関係がそのカメラマンと出来上がっているということだ。なかなかいいじゃないか。

七つ道具をお守りのように揃えていたあの頃からもう20年以上経つが、今でも変わらず仲間たちとは仲が良い。

そして彼女たちがそれぞれの場所で輝き続けていること。彼女たちの幸せが自分のことのように嬉しいこと。今でもボーダーやコンバースが大好きなこと。それらはずっと変わらない私の平均であり、人生のささやかな誇りになっている。

次にあのカメラマンに会った時にはこう答えようと思う。

「怒っていたんじゃなく、戸惑っていたんだと思います」

次々とやってくる幸福に、追いつこうと必死で。

ただそばにいて欲しい

今も昔も買い物が大好きだ。コンビニでアルバイトを始めた高校生の頃から、毎月自分の稼いだお金で買い物に繰り出すのが本当に楽しみだった（余談だが当時は時給５６０円スタートで、３年続けてやっと時給６５０円まで上がった）。

買い物に行くと決めた日は何日も前からワクワクが止まらず、毎月３万円ほどのバイト代をどう使うかで頭がいっぱいだった。まずはピエトロでパスタを食べて、あの雑誌に載っていたあのスカートを買おうか。いや、パスタは贅沢だからロッテリアでサクッと済ませよう。池内のドゥファミリィに行って、４プラの古着屋に行って、三越のアニエスにも行こう。そんなことを思いながらコツコツとおでんの大根を補充していた。

しかしそんな綿密な計画を一瞬で壊し、「あぁ。こんな高いものを買ってしまった」という人生最初の衝動買いが、コートだった。

当時札幌パルコに入っていた「パーリッシィ」のチャコールグレイのロング丈のダッフ

ルコート。留め具が薄いベージュのロープのような紐と白木のような素材でできていたことや、肩が華奢な作りでロンドンの学生のような雰囲気が気に入り、見た瞬間にハートをわしづかまれていた。トムとジェリーならおそらくビヨヨーンと目玉が飛び出し、心臓がハート型にドッキンと前に跳ねていただろう。もう「買う」こと以外の選択肢がなかった。

値段は税抜きで4万5千円。今考えたら18歳の私がよくそんな大金を持っていたなと感心するが（おそらくいつも心の保険で1万円ほどは使わずに残しておいたのがたまたまお財布にあったのだと思う。ノミの心臓もこういう時には役に立つ）、とにかく、18歳の私はそのコートを迷うことなく買った。

いつも服を買う時の言い訳として、手持ちのアイテムとのコーディネートを何パターンも考えたり、あのシーンでもこのシーンでも役に立つぞと色々なシチュエーションで楽しげに過ごす自分を思い浮かべたりするが、一目惚れの衝動買いの場合はとてもシンプルに、いい、いい、いい、ただそばにいて欲しいと思う。その存在を知ってしまった以上、それが生活の中にある人生とない人生だと、こんなにも景色が違うのかとぞくりとし、そしてそれを買う権利（予算）があるとわかった以上、自分で選べる幸福は手に入れるしか選択肢がなくなってしまう。

そしてコートほど「こんな高いものを買ってしまった」という罪悪感が甘美なスパイスとして持続するものはないんじゃないかと思う。靴下やＴシャツなどのわりと買いやすい値段のものならその月の生活費を大きく揺さぶることもないので、すぐに「買ってしまった」は消えていくような気がする。それになんと言っても、家に持ち帰ってからの存在感が他のアイテムとは違う。単純に使っている布の分量が多く面積が大きいという視覚的な圧迫感は、ここにいるよといつまでも主張をし、部屋の中で発光し続ける。

お店からの帰り道は、夢の中をフワフワと泳いでいるような気分だった。自分が、こんな高いコートを買ってしまった。買えてしまった。

なんだか悪いことをしてしまったようで家族にはすぐ見せられず、こそこそと自分の部屋に入り、袋から取り出した。ざらりとしたウールの質感が頑丈そうで頼もしい。しっかり丈が長いのも高身長ならではでカッコいいではないか。あぁ。これを買えてしまったなんて。

母の鏡台の前であらためて着てみると、途端に自分がお洒落な人、もしくはお洒落に気を使っている人のグループに仲間入りできたようでドキドキした。そして明日からこれを着て出かける自分を想像すると、罪悪感で蓋をしていた嬉しさがどっと溢れ出し、新しい自分が誇らしかった。

人生で2回目の「あぁ。こんな高いものを買ってしまった」も、コートだった（おそらく本当はもっと他にもあったのだと思うが、前述した理由で記憶から抜け落ちているのだと思う。しみじみ、コートはすごい）。

20歳の時、当時専属モデルをしていた『mc Sister』という雑誌で毎年夏に行われていた「読者と一緒にロサンゼルスに行って観光する」という企画に同行することになった。私にとっては2回目の海外（ちなみに1回目はCMのロケで行ったサイパンだった）。それはもう嬉しくて楽しくて、24時間お祭りが続いているようだった。

旅の前半はサンルイスオビスポにある大学に行き、そこの寮で数日間学生たちと片言の英語で交流しながら過ごし、バーベキューをしたりゲームをしたりして楽しく過ごした。観光というよりは現地の方々の暮らしに触れるという感じで、地元のスーパーマーケットに行きカラフルなパッケージの洗剤や巨大なアイスクリームにいちいち歓喜の声をあげ、それだけで十分に旅の恩恵を感じていた。

後半は思い切りザ・観光ということで、それぞれ別れて自由行動をすることになり、私は編集部のＭさんと一緒にチャイニーズシアターでマリリン・モンローの手形を見たり、ユニバーサルスタジオでジョーズや恐竜に驚いたりした。

そんな旅の後半の、どの部分のどんなタイミングで出会ったのか、前後の記憶がすっぽりと抜け落ちているのだが、私は稲妻に打たれたように、あるコートの前で動けなくなっていた。

「プラダ」の店のショーウィンドウに飾られていた、ネイビーのロングコート。ダブルボタンのカチッとした雰囲気は軍服のような無骨さがあり、ウエストから切り替えられ真っ直ぐに下に落ちる緩やかなＡラインのシルエットからは、どっしりと重厚な布の質感が伝わってきた。

動けなくなった私に助け舟を出してくれたのは、一緒に行動してくれていた編集部のＭさんだった。

「素敵だね。はまじに似合いそうだね。中に入って着てみたら？　着てるとこ、私も見てみたいな」。相手に恥をかかせない対応ができることを「品格」としたならば、いつだってＭさんは私にとって「品格」を教えてくれた、社会で初めての先生だった。

店の中に入り、Mさんに助けてもらいながら英語で店員さんに試着をお願いした。さっきまでガラス越しにあったそのコートが、目の前に現れる。今まで嗅《か》いだことのないような、新しい匂いがする。デザイナーの哲学やブランドの歴史などは微塵《みじん》も考えたことのないただのハタチの観光客が、まだ見たことのない世界を恐る恐る手にしている。

コートはずっしりとしていて、重たかった。ビロードのように美しく目が詰まったウールの手触りは光の加減で光沢《こうたく》があるように見え、艶やかな女らしさとネイビーのもつ知性が同居しているようだった。そっと腕を通し、ボタンを閉め、鏡の前でしばし眺めた。もう、他に選択肢はなくなっていた。

当時住んでいた久我山のアパートは、7畳のリビング、2畳のキッチン、ユニットバスと洗濯機置き場、そしてリビングには小さな収納クローゼットがあり、下部分は2段の引き出しで、上部分が扉をパカッと開けるタイプになっていた。「パーリッシィ」のコートも「プラダ」のコートも丈が長くてクローゼットには入らず外にかけていたので、朝起きてすぐに目に映るものがその2着のコートだった。

あの時お店の鏡の前で固まっていた私に「もし買うなら、私のカードで買ってあげるよ。

日本に帰ってから日本円で返してくれればいいよ」とMさんがそっと耳元で言ってくれたこと、今思い返してもその優しさが柔らかくありがたく、本当に感謝している。申し訳ないと思いつつも、まだカードを持っていなかった私はその言葉に甘えさせてもらったのだ。そして私もMさんのように、相手に恥をかかせない人になりたいと、今でもずっと思っている。

「プラダ」のコートは「パーリッシィ」のコートの約5倍の値段だった。もし日本で出会っていたら現実の生活がストッパーとなり、自分にこれが買えるという発想はなかったと思う。一期一会《いちごいちえ》に運命を感じてしまう、これぞ旅のマジックだ。

そして「もし今月盲腸になったりアキレス腱《けん》を切ったりして働けなくなったとしても困らないよう、数ヶ月分の生活費は常に貯金しておこう」と、相変わらずのノミの心臓がここでも役に立った。思いのほか早く自分サンタがやってきたと思えば、まぁいい。旅マジックにかかったフワフワ頭ながらも、また仕事を頑張ろうとしっかり決意したのだ。

あの頃暇さえあればよくベッドに寝転び、まじまじとその2着のコートを見比べて、欲に対してこんなに素直になれた自分に驚き、そしてこんなにも幸福で満たされることを何度も噛み締めていた。値段は違えど、2着とも全く優劣なしに愛おしく、ただそばにいて欲しいと思えた。

それは、その幸福感は、人生の「のりしろ」のようなものなんじゃないかと思う。パッと見た目では生きるためには必要ないように見えるが、実はそれがなければ人生が組み立てられない。旅や音楽や映画もそうだ。太く大きな「のりしろ」が支えとなり、強風が吹いても壊れない頑丈なものが形成されていく。

ただそばにいて欲しい。

あれから25年経った今でも、「買ってしまった」という甘美なスパイスに身を委《ゆだ》ねる時、必ず思い出す。久我山のアパートの小さな部屋に吊るされた、2着のコートを。

カゴ・カゴ・カゴ

女性誌『ＬＥＥ』（集英社）の専属モデルになった時、こりゃ大変だと思った（２００９年から２０１８年までの10年間やらせていただいた）。

『ＬＥＥ』といえばファッションはもちろんのこと、料理、インテリア、子育て、女性ならではの心身の変化などなど、心地よい暮らしのためのヒントがたくさん載っていて幅広い年齢層に支持されている女性誌。

そして毎号読み終わった後には「よし、部屋を整えようかな」とか「今夜はあの器に肉じゃがをよそってみよう」と日常を前向きに楽しむ気持ちにさせてくれる、ファッション誌ならぬライフスタイル誌だったからだ。

その頃の私はバリバリ全開に海外ロケに行っていて、日本に帰ってきても仕事や友達と飲みに行くのに忙しく、「家は寝に帰るだけ」という状態。まずい。これじゃいかん。素敵な暮らしゼロの私が素敵雑誌『ＬＥＥ』の専属モデルだなんて、えらいこっちゃだと焦った。

『LEE』を隅々まで読んで研究してみると、季節を感じる雅姫さんのテーブルセッティングや、高橋郁代さんのさりげない花との暮らし方、栗原はるみさんの美しい料理の佇まい、伊藤まさこさんの気持ちよく整えられたインテリアなど、ページをめくるたびに心地よい初夏の風が頬を撫でるようだった。おぉ、この透明感よ。うっとりといつまでも眺めていられる。

しかし眺めていても素敵な暮らしになるわけじゃない。どうにかしなければと焦った私は、とりあえず最初に麻の紐を買った。

え？　麻の紐？　と思うだろうが、「ささやかな手土産も麻の紐で結べばたちまちお洒落手土産になるのか！　なるほど！　メモメモ」と学んだ私は、もう買わずにはいられなかったのだ。形から入るのは大事だ。

次に買ったのは木のカッティングボードだった。パンもチーズもハムもフルーツもそのまま切ってそのままテーブルに出すだけでお洒落つまみになると学んだからだ。おぉ。我が家のそっけないテーブルが、まるで南仏の一軒家のガーデンパーティーみたいじゃないか。しかも洗い物も楽。なんで今まで気が付かなかったんだ。くぅぅ。

そして毎号読み込んでいくたびに、センスの良い人の暮らしは部屋の広さや手持ちの服の数の多さに頼っていないことがだんだんとわかってきた。

狭い部屋だろうと服の数が少なかろうと、心地よく暮らそうと思えばいくらでもできるのだ。「あー、花輪くんの家みたいに広かったら、私だってちゃんと片付けられて素敵に暮らせるのに」というのが口癖だった私が、『LEE』という毎月出される処方箋のおかげで少しずつ部屋を整えるということに意識が向いていった。

その結果一番増えたアイテムが、カゴだった。

ここで、今現在我が家にはどのくらいカゴがあるのか数えてみよう。ごくり（取っ手がないボックスタイプ、ワイヤーバスケットも含む）。

・玄関／4個（数に入れてないがアンティークの鳥かごも一つある）
・客間（という名の物置）／1個　（この1個は愛犬のシーズー・ピピちゃんのお出かけ用の、合羽橋で買った野菜かごのこと。ベンツと呼ばれている）
・書斎／2個
・寝室／31個（17個は収納用。14個はファッションアイテム用）

・トイレ／４個
・洗面所／４個
・台所／17個
・リビング／18個

合計81個（鳥かごも入れたら82個）。アンビリーバボ。

もともと無印良品や雑貨屋さんでカゴの入れ物を買ってはリモコンやペン、お箸やスプーン、お掃除グッズ、ブランケットやタオル、生理用品などなどいろいろな物を入れて使ってはいたが、それはあくまでもあまり目に触れることがない影武者的な役割だった（それらも数に入れている）。

しかし、素敵なカゴはそれ自体が「見せるインテリア」になることを学んだ私は違う目線でカゴを選び始め、グンと所有数を増やしたのだ。

『LEE』でもお馴染みの、北欧雑貨を扱うオンラインショップ「スプーンフル」のオーナー・おさだゆかりさんにお会いした時、収納についてのアドバイスをもらい、スウェーデン・ダーラナ地方に暮らすカゴ職人（85歳のおじいちゃま）が作ったカゴと、フィンランド製のどっしりと大きな丸型のカゴを購入し、ほくほくと抱えて帰った。

85歳のおじいちゃまが作ったカゴはリビングの入り口の椅子の上に置き、息子のお出かけセットや虫除けスプレー、エコバッグなど、出かける時に必要な物を入れ、バタバタの準備の時にも動線を邪魔せずにパッと鞄に突っ込めるようにした。忘れ物が減っただけでなく、白樺の温《ぬく》もりが感じられるキャメル色の本体と白木の取っ手のおかげで部屋がパッと明るく、柔らかい雰囲気になった。

フィンランド製の丸型の大きなカゴは玄関に置くことにした。セイヨウネズの優しい茶色がころんとしたフォルムによくマッチしているが、渋めの焦茶色の取っ手が全体の甘さをピリッと引き締めていて、見た瞬間旦那も「いいねぇ」と言っていた。

中にはなくしやすい手袋や、出かける直前でコーディネートを決めたいニット帽など季節の小物をどさっと入れていて、家族3人分の量でも受け止めてくれる大きさが頼もしい。そしてどんなに中がぐちゃぐちゃでも、むしろそれが抜け感になってオシャレにすら見せてくれる佇まいが、ずぼらな私にピッタリだ。

我が家のリビングになくてはならないもう一つのカゴが、「ファティマモロッコ」の大きな筒形のカゴだ。テレビの横に二つ並んで置いてあり、一つは白のタッセル、もう一つにはグレイのタッセルが全体的に付いていて、部屋のアクセントにもなっている。

　これは私にとって姉のような存在でもある、「ファティマモロッコ」のオーナー・大原真樹さんが、インスタに載せた我が家の散らかったリビングを見て、「おもちゃをこの中に入れるといいよ」と送ってくれたのだ。うぅ。感激。散らかしてて良かった。

　早速息子のブロックや積み木など、まるで玉入れのようにバンバンこの中に放り込んでみると、あら不思議！　魔法がかかったようにあっという間に整った部屋になったではないか。二つ並んでいるというのもお行儀よく整列しているようでもうすでに可愛らしい。真樹さん、本当にありがとうございます。

　こうして書いてみると、『ＬＥＥ』はもちろんのこと、私は素敵な女性たちの影響をものすごく受けているということに気が付く。

『ＬＥＥ』でともさかりえちゃんと一緒に撮影をすることになった時、到着してスタジオに入ってきた時のりえちゃんがあまりにも可憐で可愛くて、見た瞬間しばらく時が止まったのを覚えている。

　赤いダッフルコートにワンハンドルのカゴを持ち、そのカゴの中から「はい、よかったらどうぞ」と、バレンタインだからと家で作ってきたお菓子をスタッフみんなに配ってくれたのだ。女神って本当にいるもんだと、しばらくその景色を眺めていた。もちろんその後すぐに血眼になってワンハンドルのカゴを探して買ったのは言うまでもない。形から入るのは大事だ（2回目）。

　カゴバッグの使い方ではこの人の右に出るものはいないと思っているのが、公私共に仲良くさせてもらっているスタイリストの福田麻琴さんこと、まこちんだ。

　彼女のスタイリングがいつも魅力的に感じるのは、コンサバ系でもナチュラル系でもいつも「あれ？　これなら真似できそう」と思わせるさじ加減が抜群にうまいから。奇抜すぎず、おとなしすぎず。しかしなぜだかとても小洒落《こじゃれ》ている。

　冬の重たいコートにカゴを合わせたり、ワンハンドルのカゴバッグの取っ手にスカーフを巻いたり、私もまこちんの提案するスタイリングのおかげで朝のコーディネートに迷う時間が減った読者の一人だ。

　そして彼女のすごいところは、カゴ好きが生じて自分で編んでしまったという、「好き」を堂々と楽しんでいるところ。誰の評価を気にするでもなく、シンプルに好きなことを好きだときちんと認めている姿勢が本当にカッコ良いなぁと思う。

　しかもその自分で編んだという山葡萄《やまぶどう》のカゴバッグがあまりにも素敵で驚いてしまった。

山葡萄独特の少しくすんで深みのある焦茶色がとてもシックで、ボーダーにジーンズにはもちろん、しっとりと落ち着いた和服にも合いそうだ。四角い横長の形がいかにも品行方正なカゴバッグですと言っているようで無骨さもクラシカルさも感じられる。そしてＡ４サイズの書類を入れたら少しはみ出そうな小ぶりなサイズがまた粋だ。くうぅ。羨ましい。

めちゃくちゃ羨ましがったら、「はまじにも編めるよ」と教室に誘ってくれた。ラッキー。当日は私の他にも羨ましがった人たち、ヘアメイクのＴＯＭＩＥ、吉岡美幸ちゃん、モデルのＡＹＵＭＩ、元マネージャーの池田清子ことサヨピも参加して、わいわいとみんなで山葡萄のカゴバッグを編んだ（ＴＯＭＩＥだけはお母さんにプレゼントすると言ってお財布を編んでいた。初めてなのにお財布！　とみんなに突っ込まれていた）。

２日間かけて編み上げ、それぞれが自分で作った渾身のカゴバッグを持って（ＴＯＭＩＥはお財布）みんなで記念撮影をした時だった。

「あぁ、なんか、幸せだなぁ」

と、心底思った。

素敵な暮らしって、なんだろう。

今だってまだ胸を張って素敵に暮らしていますだなんてとても言えないけれど、『ＬＥＥ』で知り合うことができたたくさんの魅力的な女性たちのおかげで、失敗した肉じゃがも散らかった部屋も、笑って話せるようになった。カッコつけなくなった。爪先立ちで背伸びし続けることより、地に足をつけ、ノロノロでもいいから自分のペースでしっかり歩いて行った方が疲れないことを知った。

山葡萄のカゴバッグのように、手の油でどんどん色がこっくりと深みが増し、艶《つや》が出るように、これからの暮らしも変化していくだろう。

そしてその変化を笑い合い、褒め合い、泣き合い、慰め合える女友達の存在が、私にとっての「素敵な暮らし」に不可欠であることは、おそらくこの先も変わらないだろう、変わらないでいたいな、と思っている。

おっぱいと水色のロンパース

本当によく泣く子だった。

やっとお産が終わり、病室に戻ってまだグラグラしている身体を横たえ、明日からのおっぱいの練習に備えて今日はひとまず眠ろうとした時、ナースコールが鳴った。「息子さんが激しく泣きすぎて熱が出たので、新生児室からクーラーの効いた私たちの部屋に一旦移動させました」と看護師さんが伝えてくれた（産まれたばかりの新生児はまだ体温調節がうまくできないとのこと）。

次の日からドーナツクッション片手にゆらゆらと新生児室に向かった。おっぱいの練習で決まった時間に行くのだが、ドアを開け、しっかり管理された生温かい空気に包まれた瞬間、毎回すぐに息子を見つけることができた。いつも一番激しく泣いていたからだ。

退院する日、数日間お世話になった看護師さんたちにお礼を言うと、「この子は泣く子よ～。頑張ってね！」と笑顔で言われた。

その刻印に恥じぬかのように、帰りのタクシーの中では家に着くまでの40分間ずっと泣き続け、家での初日には夜中2時から外が白々と明るくなるまで片時も休まずずっと泣き続けた。もうどうしていいかわからず、自分の母親としての能力のなさをしょっぱなから責められているようで、息子を抱きしめながら私も声を殺して泣いた。

そんな涙の新生活スタートではあったが、ありがたいことに私のおっぱいは最初からよく出た。粉ミルクも飲ませるつもりで用意していたが、おっぱいがわりと出たこと、そしておっぱいを出さないと胸が張って痛いことで、意図せず粉ミルクの出番はなかった。

泣いて、おっぱい飲んで、泣いて、おしっこ、うんこ、時々ゲップのゲロ。

2時間おきの授乳であまり寝ていないせいか、私の思考はいつもぼんやりと霧の中を漂っているように淡く、しかし霧の中だからこそ感覚が研ぎ澄まされるように、いつもどの感覚も息子を探していた。

時々授乳中に昔のことをふと思い出すことがあった。

私が初めて「自分」という物体を意識した時のこと。北海道の静内町《しずないちょう》（現在の新ひだか町）に住んでいた頃だから、6歳くらいだろうか。トイレでおしっこをしようと、パンツを下ろし便座に座った瞬間だった。

「どうして、今おしっこをしたいと思ったのかな」

それは自分という物体のコントロールの仕方や仕組み、なぜ自分の身体や思考の自由は自分にだけ与えられている権利なのか、というような感覚だった。

そしておしっこをした時、「どうして自分の股から水が出せるのかな」と思い、次から次へと「どうして」の小さなスコップはザクザクと未開拓の自己を掘り始めた。「どうして手を動かそうと思って、動かせるのかな」「どうして今考えてることを、今こんな風に考えているとわかることができるのかな」「今こうして考えてる自分は、今、どこにいるのかな」と。

先日読んだ本の中に「妊娠出産期は、体液や血、お乳やよだれなど、ぬるぬるする濡れたものとひたすらつきあって行く時間であるといえるが、それら身体的な現実は、忌避されてこそ、現代都市の高度に情報化された社会が成り立っているという実感がある」（中村佑子『マザリング　現代の母なる場所』集英社）と書かれていて、ほほう、とやけに納得してしまった。

確かに、会議中にお漏らしをしたら会議どころではない。もし道を歩いていてばったり知り合いに会った時に鼻水が垂れていたらお互い非常に気まずい。それにもし生理の血が漏れてべったりとズボンに染みていたら、普段外の世界にはひた隠しにしている個人的な性に関することを想像させているようで、恥ずかしさを通り越して生きた心地がしない。

そう考えたら、身体から何かしらの体液が出ている時は社会的な理性を保とうとする自分とは別の、ただそこに存在する生命であり、自分をコントロールできるかできないかギリギリの橋のたもとに佇《たたず》むただの物体なのかもしれない。

だから授乳中、胸から乳を出しながらぼんやりと霞《かす》みがかった森を歩いていた時、初めて自分という物体を意識した6歳の「自分」と、久々に再会したのではないだろうか。

いつも頭はぼーっとしていたけど、私は授乳の時間が好きだった。

それは飛行機に乗っている時と何となく似ていた。

世間からそっと抜け出してひっそりとかくれんぼをしているような、ただシンプルにそこに「いる」だけの時間と空間。何ものでもなく、何かを成し遂げなくても良く、ふわふわと大きなクラゲに包まれて時空を漂いながら身体だけが確実にどこかに運ばれていく。

その不思議な感覚は徐々に愛しい感覚となり、目の前で私のおっぱいを必死に吸う小さな生命は私の細胞を隅々まで幸福で満たした。この生温かく湿った時間が永遠に続けばいいのに。このままずっと粛々と乳を出し、粛々とどこかに運ばれていきたい。息子と一つの物体となって。

しかし、それはあまりにも突然終わった。

夏のある日、息子が全く乳首を吸わなくなった。生後10ヶ月でもう離乳食は始めていたが、おっぱいもまだたっぷり飲ませていた時期だった。

一体全体何があったのかと私は焦り、どうにか乳首を吸わせようと必死に息子の機嫌を取った。しかしどうやっても身体を激しくそらせ、口元に乳首を近づけるとまるで牙をむいた毒蛇の頭に怯《おび》えるように、顔を真っ赤にして泣き叫び、拒絶し続けた。

ひょっとしたら味が嫌いになったのかもしれないと、試しに搾乳《さくにゅう》して哺乳瓶に入れて飲ませてみた。

すると息子はものすごい勢いで哺乳瓶にむしゃぶりつき、ギュウゴ、ギュウゴ、ギュウゴと音を立てながら、涙も乾かないほどあっという間に、飲んだ。枯渇した大地がぐんぐん水を吸って安堵しているような息子の表情に、味わったことのない不安が私を襲った。

そんなに欲していたのに、なぜ。何かの間違いであってほしい。単なる気まぐれであってほしい。次はきっといつも通りに飲むに違いない……。

しかしそれからも息子は頑《かたく》なに私の乳首を拒み続け、その度に搾乳したおっぱいを哺乳瓶でギュウゴ、ギュウゴと飲んだ。

歩いていたら突然崖から突き落とされたようだった。

原因を考えたが思い当たる節はなく、強《し》いて言うなら数日前に息子が乳首をガリッと噛んだ時に思わず「っっ！」と顔を歪め、「痛いからやめて〜」と、軽く鼻をつまんだことだった。

しかし息子はその時遊んでいると思ったのかニタァと笑い、また何事もなかったかのように飲み始めた。もしそれが原因だったとしたらそのあとの授乳からすでに嫌がっても良いようなものの、それから数日間は普通に乳首から飲んでいたのだ。

もうどうして良いのかわからず、妊娠中からお世話になっていた産院に電話しておっぱいマッサージを受けることにした。

先生は乳首を目の前にして泣いている息子の様子を見て「飲みたいのに必死にこらえてるみたいねぇ」と首をかしげ、そして「たぶん大きくなって食欲も増えてきて、ガブガブ思い切り飲みたいのに乳首だと勢いが足りなくてストレスに感じてるかもしれないね」と言った。

もはや正解はわからず、ただ確実にわかっていることは、息子はもう、私の乳首からおっぱいを飲むことは、一生ない、ということだけだった。

あんなにも濃密でしっとりとした時間を過ごしたことはなかった。まるで南国のどっしりと肉厚な花の中でふくふくと寝そべり、蜜を飲み、花びらに寄りかかりながら一日の陽の傾きを息子と二人で観察しているようだった。それが突然根元から奪われ、しかし誰になのか何になのか奪った正体がわからず得体の知れない恐怖と絶望の穴にストンと落ちた。

帰ってから犬の散歩をして、お風呂に入り、晩ご飯の準備をし、食べ、いつも通り過ごした。

さて寝る準備をしようかと、息子のオムツを替えて、搾乳したおっぱいを哺乳瓶で飲ませた。飲み終わった息子が満足そうに笑った時だった。

細い細い綱の上を渡っていたような感覚が、グラリとバランスを崩し、地面に叩きつけられた。その瞬間何かが破裂して、どっと涙が溢れ出た。

泣いて、泣いて、泣いた。

理性の壁を飛び越えた魂はただの生命になり、泣き声は動物の遠吠えのように森に響き渡った。細胞が震え、私は悲しみそのもののただの物体となった。もう二度とあのしっとりとした濃密な時間はやってこない。もっと、もっと噛みしめていたかった。そして何より、母としての存在そのものを否定されたようで、悲しみで骨が砕けそうだった。

その時だった。

森の中に旦那が立っていた。手を大きく広げ、そして泣いていた。

この森は寒いねと毛布のように私を包み、何も言わず、じっと泣いていた。

あぁ、そういえば、長年勤めていた会社を辞めた時、明け方まで続いた送別会から帰ってきて、着替えもせず一人ソファに座り、同僚たちからのビデオメッセージを見ながらじっと泣いていた姿を見た時「この人と結婚してよかった」と思ったんだっけ。

そんなことを思い出しながら、細胞の震えが収まるのをただじっと待った。

とめどなく流れる涙と鼻水は息子の水色のロンパースに染み込み、湖のような色濃い模様を作っていた。息子はニコニコと笑いながら私に寄りかかるようにしがみつき、いつしか息子のよだれも加わって、もう誰のどの体液かわからなくなるほどぐちゃぐちゃとロンパースは濡れていった。

泣いても、いいのか。

暖かな毛布に包まれながら、水色の湖を眺める。寒い森の中で、一輪の濡れた花を見つけるように私たちは抱き合った。

家族は、泣くためにいるのかもしれない。

そう感じた時、息子の初めての決断を認めて、褒めてあげようと思えた。

ありがとう。ありがとうね。今までおっぱいたくさん飲んでくれて、ありがとう。大好きだよ。これからもずっと、大好きだよ。

森の中に光が差し込み、湖の水面《みなも》がゆらりと光る。私たちは一つの物体となり、その眩しさに目を細めた。

ヒロイン

ドラマが大好きだ。

子どもが生まれてから自分の時間がグッと減り、観る時間はだいぶ少なくなってしまったけど、どんなに忙しくても必ず朝の連続テレビ小説や、好きな役者が出ているものはとりあえず録画しておいて、家族で晩ごはんを囲む時にあーだこーだと言いながら見るのが日常のささやかな幸せとなっている。

初めてドラマにはまったのは忘れもしない、『やるっきゃないモン！』という警察学校が舞台の青春ドラマ。主演の富田靖子演じる婦警候補生がそれはそれはキュートで、子犬のような潤んだ黒目がちの目や、ちょっとドジで一生懸命なところも応援したくなる。

今考えるとなんと王道なヒロイン設定だと思うが、小学5年生の夏休みに札幌から富良野へ引っ越し、まだ新しい友達が一人もいなかった私と姉は、失敗してもへこたれず、ドッタンバッタンと周りを大いに巻き込みながらも前に前にと進んで行く王道ヒロインの姿に、どんどんのめり込んでいった。

それから『教師びんびん物語』のとしちゃん（としちゃんは男性でヒロインではないが大好きだった）、『ママハハ・ブギ』の浅野温子に夢中になり、オープニングの歌からして1秒たりとも見逃したくない私は、当時通っていた塾の帰り道をロケットのように自転車を漕いで家に帰っていた（余談だが、ママ母役の浅野温子がドラマ内でケンタッキーのパーティーバーレルを小脇に抱えてフライドチキンにむしゃぶりつくシーンはいつか私もやってみたい夢リストに入っているが、まだ実現できていない）。

中学生になってからはより一層ヒロインたちの表情、髪型に釘付けで、まるで頭の中のニキビのようだった。

なぜ自分はこのヒロインのようにぱっちりとした目ではないのか、なぜ絹糸のような髪ではないのか、なぜ白桃の頬を持ち合わせていないのか。少しでもヒロインに近づきたくて、鏡とにらめっこする日々だった。

今思えば頭の中のニキビ現象は私だけではなかった。

同じ塾に通っていた、隣の中学のくせ毛とそばかすが似合う女子は、『いつも誰かに恋してるッ』の宮沢りえのように、焦茶色のベルベットのリボンをカチューシャ風に頭に巻き、誰かが何か言うたびに「ぶっ飛びぃ！」と言っていた。

私も言いたくて言いたくてたまらなかったが、先に言った人がその場で唯一「ぶっ飛びぃ！　を言える権利」を握っているような暗黙のルールが漂っていたので、私を含めその場にいた女子は皆、彼女がぶっ飛ぶたびに笑ったり相槌《あいづち》を打ったりする役をジリジリしながら粛々とつとめていた。家に着くなり、「ただいま」のかわりに「ぶっ飛びぃ！」と叫んだのは、おそらく私だけではなかったはずだ。

ある日学校に行くと、テニス部の女子たちが申し合わせたように一斉に髪をぱっつんショートボブに切り、『パパとなっちゃん』の小泉今日子ヘアーになっていた。一人なら単に髪型が変わったという印象で、すれ違いざまに瞬《またた》き3回分程度の注目度だが、4～5人集まってそっくり同じ髪型がずらりと並んでいると、それだけで一つの生命体のような不気味な雰囲気があり、わざわざ見に行く生徒もいた。キョンキョンたちは視線を浴び嬉しそうに「見ないで」と言っていた。

ちなみに私は宮沢りえやキョンキョンにはなれなかったけど、鈴木保奈美にはなれたと思っている。

耳上の両サイドの髪を編み込んでバレッタをつけ、前髪は薄く下ろして毎朝しっかりカールさせた姿はどこからどう見ても『東京ラブストーリー』の赤名リカだった。カンチのために肉まんを買って寒空の下待ち伏せをするシミュレーションをしながら、給食のコッペパンを胸に抱いたりしていた。

ある日塾に行った時のことだった。

少し早く着いた私は先生に渡すプリントがあったので、窓際で生徒たちと立ち話をしている先生の方へ近づいて行った。

30代後半くらいだったろうか。はっきりした華やかな顔立ちの女性で、胸までのロングヘアにはゆるいウェーブがかかり、前髪はライオンのたてがみのように前後左右にとしっかりカールされ固められていた（私より一つ年下の娘さんと、生まれたばかりの娘ちゃんがいた）。

先生の斜め後ろに立ち、生徒たちと話が終わるのをじっと待った。私の気配に気づいた先生はちらりとこちらを見たが、私に話しかけることなくそのまま立ち話を続けた。近くで見ると色白の肌にはしっかりとファンデーションが塗られ、シミが上手に隠されていることが中学生の私でもわかった。

くっきりとした綺麗な二重まぶたには紫がかったピンクのアイシャドウ、唇にも似たような色味のピンクの口紅、長い爪には夕焼けのような鮮やかなオレンジのマニキュアが塗られていた。クルンと上を向いた長いまつ毛はマスカラの鎧《よろい》を何重にもまとい、これなら爪楊枝どころか鉛筆までのせられそうだなと思った。

最近クラスの女子たちの間でまつ毛の長さを競うのが流行《はや》っていた。

私の後ろの席だった子が圧倒的に長く、バサッと生えた豊かなまつ毛は一本一本が太くハリがあり、爪楊枝を3本ものせられたと照れくさそうに、しかし爪楊枝をいつも生徒手帳の中に入れ持ち歩きながら、確実に女王の座に座っていた。

そんなあの子も先生のまつ毛にはかなうまい。窓から降り注ぐ光を浴びながら誇らしげに上を向く先生のまつ毛をうっとりと眺め、頭の中で何本も鉛筆がのっているところを想像した。

なかなか先生と生徒たちの話が終わらないので、諦めて帰りにプリントを渡そうかなと思った時、やっと生徒たちがその場を離れ帰り支度《じたく》を始めた。

あぁよかった、次は私の番だ。やっと先生がこちらを向いてくれる。プリントを渡せる。

しかし、先生は私の方を見なかった。

ほんの30センチほどの距離。斜め後ろとはいえほぼ真横に立っており、視界に入ってないわけがなかった。私は自分が透明人間になってしまったような心細さを感じ、とっさに先生の肩をトントンと叩いた。

すると先生はパッと顔だけ振り返り、こう言った。

「やめて。私、お人形じゃない。ちゃんと言葉で言って」

一瞬何かのドラマのセリフかと思った。

じっと私を見つめる不機嫌そうな大きな丸い目と、わかりやすくすねたように尖《とが》らせた唇。

先生はその日、紫とピンクの薔薇が全体にプリントされた白いブラウスを着ていた。

ふんわりと空気をはらむようなテロンとした光沢《こうたく》のある生地で、二つ開けたボタンからのぞく鎖骨《さこつ》には華奢な金のネックレスがくたりと張り付き、「あんたより私の方が先生のお気に入りってこと」とクスクス笑っているようだった。

顔にも体にもたくさんの色をまとった先生はあまりに華やかで、ブラウン管でも映えそうな完璧なヒロインだった。そしてあることに気がついた。

あぁそうか、先生はいつも服に合わせてアイシャドウと口紅を塗っていたのか。そして本当は、マニキュアも服に合わせて紫がかったピンクに塗り直したかったのかもしれないと思い、ぼんやりと先生の爪を見た。

少しはげた指先の夕焼けを隠すように、先生はさっとデニムのポケットに手を突っ込んだ。今は本番中なのだ。NGは許されない。窓から風が吹き、レースのカーテンが先生の頬に触れた。

今でもドラマを見るとヒロインたちのくるくる変わる表情に夢中になり、自分を投影し、うっとりと悲しみに酔ったりトキメキに胸をノックされたりする。

しかし昔も今も、彼女たちが着ていた服はあまり思い出せない。

思い出そうとすると、必ずあの鮮やかな薔薇柄のブラウスが、光を浴びて佇んでいるからだ。

暗闇と黄色いカッパ

息子が5歳くらいの時、アニメの「おさるのジョージ」が大好きで、いつでもどこでも「ファッ、ファッ、ファッ」とジョージの声真似をしながら歩いていた（それを聞いた通りすがりの小学生たちが心配そうに「……大丈夫ですか？」と私に聞いてきた時は本当に笑った。そして「大丈夫だよ。ありがとう」と答えた）。

息子はさらにジョージの飼い主の「黄色い帽子のおじさん」にも憧れ、全てを黄色で揃えたいと言い出した。いきなり全部は無理だから、これから買うものを少しずつね、となり、Tシャツ、ズボン、リュック、カッパ、スニーカー、長靴、帽子と徐々に全身黄色化していった。大きめのサイズを買ったリュックとカッパは7歳の今でも使っていて、最近何かと「黒か青がいい」と言う彼のワードローブの中では赤ちゃんぽさの名残のようで可愛らしい。

黄色いカッパは黒く濡れたアスファルトの上にパッと咲いたひまわりのようで、暗い雨の日でもよく目立つ。そしてその光景を見るたびに、かつて持っていた自分の黄色いカッパを思い出す。

上京して久我山に住んでいた頃、休みの日は吉祥寺に行きぷらぷらと探索するのが楽しみだった。当時はまだスマホなんて便利なものはなく、どこに何があるかの情報は雑誌から仕入れるしかなかったのだが、田舎コンプレックスのあった私は雑誌片手にキョロキョロ歩くのが恥ずかしくて、ドキドキしながらもそれがバレないよう、まっすぐ前を見て歩いていた。

だから適当に歩いて「エルエルビーン（L.L.Bean）」のお店を発見した時は本当に胸が高鳴った。おぉ。よく雑誌で見ていた「エルエルビーン」。この前の撮影でトートバッグも持った「エルエルビーン」。自分が一人で歩いて辿り着いた「エルエルビーン」……。

今まで雑誌の中だけに存在していたものが自分も買うことができるだなんて、夢を見てるような不思議な気分で、店に吸い込まれていった。

まずは定番のトートバッグを何色にするか迷い、衣裳でよく履いていたブーツも試着し、リュックもあると便利かもしれないと取っ替え引っ替え持ってみた。そして鼻息がやっと少し落ち着いた時、黄色いカッパが目に止まった。それは子供用のカッパだった。14〜15歳くらいのサイズだったろうか。小柄な女性なら誰でも着られそうなコンパクトサイズで、当時今よりもっとガリガリに痩せていた私は問題なく着ることができた。しっかりと張りのある厚手のカッパで、外側は黄色、内側はエルエルビーンのロゴと同じ深い緑色。着るとフードの内側の緑色がちょうど顔の周りにくるからか、幼さはさほど感じなかった。何より気に入ったのが、一番上までスナップボタンを閉じると襟が立ち上がり顎下《あごした》がすっぽりと包まれることだった。まるで城壁に守られた小さなお城のように自分の顔が大切なものに感じられ、立ち上がった襟のお陰でなで肩に見えたのもとても嬉しかった。

わざわざ子供用サイズを、しかも「エルエルビーン」で、東京の街をたった一人で歩いて見つけて買った自分は特別な存在なんだと、自分はなんてセンスがよくてお洒落なんだと優越感に浸った。それからは晴れの日でもアウターとしてよく着るようになり、「可愛いね」「どこの？」と聞かれるたびに「エルエルビーンの、子供用」と得意げに答えていた。

カッパを買ってから数年後にミステリーハンターになり、『世界ふしぎ発見！』のロケでペルーに行くことになった。そのロケの目玉はまだ研究段階の遺跡の取材だった。

遺跡は地下何層かに分かれており、一層目の遺跡の入口は井戸のような縦長の筒状で、ハーネスをつけてロープでスルスルと降りていかなければならなかった。事前の打ち合わせで内容を確認していたので、私は暗いところでもよく目立つように、そしてスタイリストさんが用意してくれた衣装を汚さないように、私物のエルエルビーンの黄色いカッパを羽織ることにした。

そのロケは私にとってまだ数本目で、レポートや取材が面白いというよりは、自分が土曜日のゴールデンタイムの1時間番組に出ることが嬉しくて嬉しくて、ただただ自分がどうやったら可愛く賢そうに見えるかが最重要だった。

クエスチョンも台本に書かれている文をその場でただ丸暗記し、意味を考える前に「どこで息継ぎしたらアナウンサーみたいに格好良く喋れるかな」と外側ばかり気にしていたし、レポートやリアクションもディレクターが喜びそうなものを顔色を伺いながらやっていた。

だからその遺跡の入口で、人数制限のためディレクターは中に入れないことがわかった時、頭の中が真っ白になった。まだ発掘途中のその遺跡はしっかり補強されておらず、地下に行けば行くほど崩れる恐れがあるので、刺激を与えないよう3人だけしか入れないと言われ、案内をしてくれる地元の研究者の方、撮影するためのカメラマン、そして伝えるためのレポーターである私が選ばれたのだ。

どうしよう。できるかな……。

崩れそうな地下の遺跡にロープを付けて降りていくことよりも、何を話せばいいのかわからない不安の方でいっぱいだった。

不安な気持ちのまま黄色いカッパを着て、頭にヘッドライト、腰にハーネスとロープを付け、いよいよ地下遺跡に降りて行く。狭い、とか井戸のようです、とか何とかレポートをし、第一層目の底に着くとハーネスからロープを外した。二層目に降りるためには足元に僅《わず》かに開いた石と石の隙間に身を滑らせ、万歳をするようにくぐり抜けるしかなかった。埃っぽい、とか大変です、とか言いながらそこも何とかレポートした。

二層目に着くと完全に光は遮られ、カメラマンがあちこちに小さな照明を置いて全体の様子を浮かび上がらせてくれた。その空間を見て、私は息を呑んだ。

全体的には12畳くらいのスペースだったろうか。真ん中にはホテルの廊下のような道があり、それに対して右側には、きちんと計測して作られたであろう同じサイズの小部屋が4つ並び、左側には一番奥に一つだけ、小部屋があった。

す、すごい……。

その時頭の中でカチッと音がして何かの扉が開き、真っ白だった頭の中に急に風が吹き始めた。風は頭の中の霧をはらい、景色をしっかりと見せ、背中を押して脚を前に出させた。

何が、すごいのか、伝えなきゃ。

「二層目に降りてきました。二層目に繋がる石の隙間は今にも崩れ落ちそうなので、なるべく触らないように慎重に来ましたが、目の前には急に開けた空間が現れ驚いています。地下にこんな空間があるだなんて。ご覧ください。こちらには同じような形の小部屋が4つ並んでいます。中に入ってみましょう。おぉ、中は畳2畳分ほどの長方形のスペースになっています。天井が低いですね。私の身長が168センチ。手を伸ばせば届くので、高さ2メートルほどでしょうか。そしてなんと、こちらの天井、継ぎ目のない一枚岩で作られています。当時の建築技術の高さが伺えます」

風が頭の中のページをめくる。確か、クエスチョンの候補にもなっていたはずだ。

「ではここでクエスチョンです。実はこちらの第二層目、上から見ると、ある動物の形をしているんです。その動物はペルーの人たちにとって、今でもとても馴染み深い動物なのですが、では、その動物とは一体なんでしょうか」

普通のレポートバージョンも念のため撮っておこう。

「実は、ここ第二層目の空間は、上から見るとある動物の形をしているんです。私が今いる場所は、ちょうど後ろ足の部分でしょうか。その動物、当時から現在にわたり、ペルーの人々にとってとても馴染み深い動物なのですが、何だと思いますか？

実は、リャマの形をしているんです！」

その後も風は吹き続け、私は無我夢中で話し続けた。伝えなきゃ。どうしたら伝わるだろうか。考えろ。頭を使え。自分でしっかり考えろ。

撮影が終わり地上に出て、今撮ってきたものをみんなでモニターチェックした。ディレクターがじっとモニターを見つめている間、心臓の音がばくんばくんと聞こえるほど緊張していた。勝手にベラベラと話してしまったが、これでよかったのだろうか。お門違《かどちが》いなことばかり言ってしまい、これじゃ番組が作れないと絶望しているんじゃなかろうか。暑いのに冷たくなっている手をぎゅっと握る。

「すごいじゃん、はまじ。素晴らしいよ」

ディレクターが顔を上げそう言ってくれた瞬間、安堵と嬉しさがドッと全身を駆け巡った。そして今まで感じたことのないような、血が沸き立つ高揚感があり、景色がさらにクリアに見え始めた。

嬉しい！　普段あまり褒めないディレクターが、褒めてくれた。いや、違う。今までは褒めるところがなかったのだ。自分の頭では考えず、見た目ばかりを気にしていた薄っぺらいレポートは、褒めるべき要素がなかったのだ。外見なんて二の次だ。一生懸命汗をかき埃まみれで伝えている姿の方が、なんとカッコ良く、状況が伝わりやすいのだろうか。そして自分で感じたことを自分の言葉で伝えることが、こんなにも難しいことだったとは……。もっと上手くなりたい。もっと、もっと、もっと！

モニターで改めて自分の姿を見てみると、黄色いカッパは暗い地下遺跡の中でもとてもよく目立ち、暗闇にパッと咲いたひまわりのようだった。埃まみれでところどころ茶色く汚れ、お洒落な雰囲気は皆無《かいむ》だったが、それが余計に必死感を漂わせ、下手くそながらも一生懸命何かを伝えようとする心が滲んでいるようだった。

「ありがとう。お陰で集中してレポートができたよ」。心の中で呟《つぶや》き、カッパを脱いで丁寧に埃を払った。

カッパは大切なものを守り抜いた城壁のように、誇らしげに陽の光を浴びていた。

劇薬

先日ＮＨＫ「あさイチ」に出演した時、私のおバカ加減を全国放送で公開してしまった。コロナ禍で卒業式や発表会などのイベントが次々と中止となる中、何とかして子どもたちに思い出を残してあげたいというテーマで、ＶＴＲではあるダンス教室が取り上げられた。

毎年行われていた大きな会場での発表会が中止になり、落ち込んでいた子どもたちのために、親と先生が教室を飾り付け、人数制限をし、催しの場を作ってあげたのだ。子どもたちは弾《はじ》けんばかりの笑顔で踊り、教室の外で見守る親たちは涙し、私もぎゅっと胸をつかまれたように温かい気持ちになった。そのＶＴＲの後のコメントだった。

「素晴らしいですね。先生や親たちの愛が子どもたちにも伝わったと思いますし、何より、こうしてささやかでもいいからイベントを行ってあげると、心にクドクテンを打つことができて、次に進めますね」

おわかりだろうか。ごくり。今書いていても髪の毛がドサッと全部抜けそうだ。

そう。「句読点（くとうてん）」を、「くどくてん」と言ってしまったのだ。というかその時までの43年間、ずっと「くどくてん」だと思い込んで生きてきたのだ。いや、はっきり言おう。これはまだ可愛いもんで、もっと場の空気が凍るような恥ずかしい事件はわんさかある。何を隠そう、トンチンカンとスットコドッコイが箱乗りで暴走しているような頭の中なのだ。しかもそれを、全国放送の生番組で発表してしまった……。

楽屋に戻った時にマネージャーにやんわりと間違いを指摘され、前代未聞の新事実（私の中で）にショックを受けクラクラした。そしてなんでもっと真面目に勉強してこなかったのかと、根本的な頭の悪さだけではなく、すぐ楽な方へ楽な方へ流される己の性格の悪さに「自《じ》業《ごう》自《じ》得《とく》だ……」と、蟻とキリギリスの物語を体現したような気分になった。あぁ、もう、本当、自分のバカ。

そういう時の心の薬は、私にとってはまずは旦那とマネージャー。そしてもう一人は、母だ。

たとえて言うなら旦那は穏やかな効き目の優しい漢方薬で、マネージャーは色々な症状に合わせ確実に効き目のある頓服《とんぷく》。そして母は有無も言わせぬ力技でガツンと効果のある劇薬といったところだ。

私はすぐにガツンと効く薬を求め、タクシーに乗り込むやいなや母にＬＩＮＥをした。

『え？　ナオ、何も間違えてないよ。クドクテンであってるよ。だって、クドクテンって打っても文字がちゃんと変換されるよ』

はい、きた。劇薬。母はいつだってこうだ。いつでも真剣。全力投球。私よりもコワモテのトンチンカンとスットコドッコイを乗せ、ブイブイ暴走していることに自分で気づいていない。そしてそれは確実に、私の心のオアシスとなっている。

私が子どもの頃から母はいつも仕事に家事にとても忙しそうで、常にクルクルと動いていた。たまにじっとしているなぁと思う時は、たいてい図書館で借りてきた本を読んでいるか、三面鏡の前で白髪を抜いているか。

とにかく、ぼーっとしている印象があまりない。ニシン漬けを漬け、梅干しを作り、車を飛ばしては生命保険の契約をガンガンとって成績を伸ばし、週に一度はママさんバレーに行って汗を流していた。そして昔も今も、一番好きなおやつはロッテのガーナミルクチョコと決まっている。

そんな母をどうにか喜ばせたくて、母の日に服をプレゼントしたことがある。富良野に住んでいた頃だから、小学６年生頃だろうか。当時の商店街にあった唯一のデパート（と呼べるほどの大きさではなかったが）に一人で行き、迷いに迷ってお小遣いで買える特別な一枚を選んだ。

半袖の白いカットソー。サラサラした手触りと、胸の辺《あた》りに黒い線で小さく一輪のバラの画が描かれていたのがとても気に入った。これならいつものグレイのジャケットの下に着た時、胸元からちらりとこのバラが見えて素敵なんじゃないか。普段ほとんどアクセサリーをつけない母のコーディネートに、まさに花を添えてくれるんじゃないかと思ったのだ。

その時持っていた全財産の約２千円で買えたということは、おそらく１９００円とかそのくらいの値段だったと思う。スッカラカンになるなぁ、来月の月刊『りぼん』は買えるかなぁ、と一瞬頭をよぎったが、驚いたり喜んだりした母の顔を想像すると肩までお風呂に浸かったようにぬくぬくした気持ちになり、迷わずレジへと持って行った。

母は想像以上に喜んでくれた。少しの申し訳なさと照れた表情を浮かべ、それを全部包み込むような大きな声で「ありがとう」と言ってくれた。そして嬉しそうに自分の身体にあててみたり、胸のバラを見て「いいねぇ」と微笑んだ。

それらすべての光景がアドレナリンとなって私の中にドクドクと流れ込み、「あぁ、人が喜ぶって、こんなに嬉しいことなんだ」と、心が、身体が、幸福で満たされた。笑うって、いいもんだ。

いつも真面目で一生懸命な故《ゆえ》に、どこか滑稽で面白みがある母。

それはまるで子どもが必死に取り組む姿に愛しさを感じるように、はたまた思いもよらぬ行動に天然ボケを感じるように、決してバカにしているわけではない。ただただ、微笑ましいのだ。

私自身がそう受け止められる「余裕」ができたとも言える。私も姉も子どもの頃は、まっすぐ前を見て走る母の勢いに振り落とされまいと、必死でその背中にしがみついていたように思う。

ある日学校から帰ると、母が洗面器に水を溜めて指をつけていた。「どうしたの？」と聞くと、「差し歯が取れたからアロンアルファでくっつけたんだけど、指もくっついちゃったから水にうるかしてるの」と真剣な表情で言い放った。ごくり。そ、そりゃ大変だ。母の指が一生くっついたままならどうしようと、オッケーサインのままじっと水に指をつけ眉間《みけん》にしわを寄せている母を、私も姉もじっと見守った。

私が幼稚園の時に男の子が椅子を振り回し、私の頬に傷をつけた時は「ママは○○君を一生許さない。ナオとトモを傷つけた人は、必ず7倍にして返してやる」と鬼の形相で言い放った。ごくり。な、7倍……。私も姉も「なぜ7倍なのか」とは聞かなかった。母が7倍というなら7倍に決まる法律が浜島家にはあるのだ。そしてそこには妙な安心感があった。

銭湯に入ろうとしたら「そっちは女湯ですよ」と言われたこと。

レストランで食べるものを選びレジに持って行ったら食品サンプルだったこと。

携帯電話で相手の声が聞こえず「携帯壊れてますよ」と伝えたら自分のが壊れていたこと。

ピピちゃん（我が家で飼っているシーズー犬）に向かって「私もね、ストレートネックなの。ストレートネックって、あんまり良くないみたいだよね」と話しかけていたこと。

日に焼けすぎて近所の人に「肝臓が悪いんですか？」と聞かれたこと。

ＪＡＬのカウンターで「ＪＡＬはどこですか？」と聞いていたこと。

ミカンは1日8個までと決めていること。

「アニエス・ベー」のことを「アゲインエル」と読んでいたこと。

七夕の短冊に「世界中の果物が食べられますように」とこっそり書いていたこと。

アメリカ人に間違えられたこと。

姉の高校の三者面談で、開始予定時刻より5分待たされただけで、プリプリ怒って帰ってしまったこと。

そのプリプリ怒って帰ってきた母の胸元に、振り落とされまいと必死にしがみついていた一輪のバラ。そのバラが私に向かってちょっと困ったように肩をすくめ「まあいっか。ドンマイドンマイ」とクスリと笑っていたこと。

『ナオ、今辞書で調べてみたら、やっぱりクドクテンじゃなく、クトウテンだった！　軽くショック！　いや、重くショック！　70年間、ずっと間違えてた〜！』

心がポンと軽くなる、愛すべきトンチンカンのスットコドッコイ。

胸にいつも、一輪のバラを。

もうクエスチョンは出さない

小さい頃からわりと虫は得意な方だ。

蜘蛛《くも》の巣を見れば使命感に燃えながら葉っぱや小石を投げて壊して歩いていたし、アメンボを石鹸水に入れて水に浮かばなくなるのを観察していたし、夏休みの自由研究ではワラジ虫を調べてみようと、石をひっくり返してはうじゃうじゃと手にいっぱい捕まえてポケットに突っ込んでいた。

東京に来て初めてゴキブリを見た時はさすがに「ぎゃ！」と驚いたけど（あの気持ち悪さは天才的だと思う）、わりとそれ以外の虫は蛾《が》でも毛虫でも「ふぅん」と眺めることができる。いや、眺めるというよりかはむしろアナタとお近づきになりたいとジリジリ距離を詰め、その身体がどうなっているのかジロジロ観察するのが好きだ。ミミズは結ぶと自力で身体をほどいて元に戻ることも観察の結果知った、私的大発見だった。

だから「世界ふしぎ発見！」のミステリーハンターになった時、これは天職だなと心から思った。

世界中あちこちどこにでも行くということは、森も砂漠も少数民族の村にも行くということで、そこには必ず虫がいる。「いる」というのは、その辺に飛んでいるということだけではなく、時には貴重なタンパク源だったり、時には宗教的な象徴として崇《あが》められたりもしている。それほど自然と密接な距離で暮らしている人々がたくさんいて、今現在もその生活を営んでいることに毎回改めて驚いていた。

もし虫が大の苦手な私の姉なら絶対に務まらないだろう。なんせ、頼んだお茶やコーヒーに小蝿のような羽虫が浮かんでいることは日常茶飯事なのだから。そこは気持ちを切り替えて「コーヒー占い」ならぬ「虫占い」を楽しむくらいでなければいけない。虫とともに生活し、虫とともに今日も一日頑張るのだ。

しかしそんな私でも困ったのが、寝る時だった。

やっとウトウトしかけた時にプ～ンと蚊が飛んできたり、ブブブッとハエがぶつかってきたりするのは非常に不快だ。しかもまた暗闇から突撃してくるんじゃないかと気になって気になって眠れない。しっかり睡眠をとらなければ日中の炎天下でのロケの疲れが残り、カメラの前で本領発揮できないばかりか体調を崩すことになる。約2週間のロケでは体調管理も仕事のうち。

だからあの日、「はまじの部屋はここにしよう」と言われドアを開けた時、思わず扉を閉めてしまったのだ。


インドへ行くのはもう何度目になるだろうか。人々のパワフルさに圧倒されたり、トイレ問題でたじろいだりはするものの、毎回全く違う景色を見せてくれるのでいつも新鮮な感覚で挑《いど》むことができた。

ヒマラヤ山脈の取材で高山病になりかけたこともあった。ジャングルで象に乗って虎を探しに行ったこともあった。インド映画の取材で私自身がミュージカル女優に扮《ふん》したこともあった。

特にそのミュージカル撮影は私にとって初めてのインドでもあったのでとても思い出深い。現地の本物の俳優さん、踊り子さん、ヤギ、鶏なども参加して、番組オリジナルの5分ほどのミュージカルを実際に撮ったのだがとても賑やかで壮大なロケだった。

主役をやらせていただいた私はモーニング娘。のハッピーサマーウエディングのような赤い衣装を着て、「旅先で出会った男性と恋に落ちたのでもうクエスチョンは出さないわ、草野さんありがとう、草野さんさようなら、もうクエスチョンは出さない、もうクエスチョンは出さない」と、踊り子たちをバックに引き連れて盛大に歌って踊った。

メー　サラーム　テクールギー（もうクエスチョンは出さない）

メー　サラーム　テクールギー（もうクエスチョンは出さない）

これが本当に訳としてあっているのかどうかは全くわからない。いや、多分間違っていただろう。しかし現地の歌手の方に歌ってもらい録音したものを口パクで歌って踊ることになっていたので、耳から入ってきた音をそのままカタカナにおこし、それを一晩で暗記して撮影に挑んだ。

口をパクパクさせながらうっとりとした表情で、裸にベストを着た体臭芳しい相手役の男性と40度を超える炎天下の中ガシッと抱き合ったのが、もうはるか昔のよう。

そんな思い出にふけりながら車の窓の外をぼんやりと眺めると、荒涼とした乾いた大地が広がっている。今回のメインテーマは西インドにあるまだあまり知られていない古代遺跡。事前にもらった資料によるとそこはとても広大なうえ日陰も少なく、こまめに水分補給をしなければあっという間に体調を崩すことになるだろう。よし、今夜は絶対早く寝よう。

何時間もかけてやっと今夜の宿に到着した。周囲には見事に何もなく、乾いた大地があんぐりと口を開けて「あちぃ、あちぃ、お前も飲み込んでやろうか」とゼエゼエしているようだ。

宿の敷地内には全く同じ形の小屋が散らばるようにいくつか建てられていて、他にはフロントも兼ねている小さな食堂がポツンとあるだけ。早々にチェックインを済ませ、それぞれ誰がどの小屋に泊まるのか割り当てられた。

「はまじの部屋はここにしよう」

スタッフは私を気遣ってくれて、食堂にわりと近いところをあてがってくれた。

白っぽいコンクリートの壁と、竹を半分に割ったものを組み合わせ作られたとんがり屋根。ピシッと設計されたというよりは、子どもが粘土遊びをしていたら大作ができちゃったというラフな雰囲気で、全体的にコロンと丸みを帯びているのが可愛らしい。

さて、もうすぐ日も暮れる。パッと荷ほどきをして洗濯もしなければ。特に今着ている衣装は明日のクエスチョン撮影でも着るのだから絶対に洗いたい。汗と日焼け止めでドロドロのままじゃ格好つかない。そうだ、今夜のうちに出題文も頭に入れておかなければ。

「じゃあ、7時に食堂ね。後ほど～」

ガチャりと鍵を差し込み、ドアを開けた。

その瞬間目に飛び込んできた光景は、虫、虫、虫。鳥。反射的にバタンとドアを閉めた。

ん？　鳥？

一度ゴクリと唾を飲み、深呼吸する。再びそっとドアを開け部屋の中を見てみると、蝿や蛾などの羽虫が無数に宙を舞い、壁には蜘蛛やゲジゲジが壁紙模様のように張り付き、それらを今晩のディナーと決めたスズメが一羽、忙しそうに部屋を飛び回っていた。

部屋は12畳ほどの広さで真ん中にベッドが一つ。小さな窓が二つ。電気は裸電球が一つだけ壁に垂直に刺さるように取り付けられていた。

天井を見ると竹と竹の隙間が所々大きく空いていて、おそらくそこからスズメは入ってきたのだろう。あちこちに糞が落ちていて、いくつかはもうカラカラに干からびていたり掃除で取ろうとした痕跡があることから、ここは以前から鳥たちの定食屋だったことがわかる。何度もやってくる鳥たちと、何度も糞を掃除しつつも屋根を修理しない人間との攻防戦の現場なのだ。

メー　サラーム　テクールギー（もうクエスチョンは出さない）

メー　サラーム　テクールギー（もうクエスチョンは出さない）

頭の中であの音楽が鳴り響く。

もし私が今このスズメを捕まえて焼いて食べたとしよう。この小屋の中で私は食物連鎖のトップになり、12畳の小宇宙を征服することができる。ならば虫もスズメも私を王として君臨させるためにこのままにしていてもいいのではないか。いや、ちょ待てよ。私、何しに来たんだっけ。スズメ食べててもいいんだっけ。もうすぐ晩ご飯だから今食べない方がいいんだっけ。いや違う、そうじゃない。そうだ、クエスチョン撮りに来たんだ。それで明日のクエスチョンのために汗と日焼け止めでドロドロのベタベタになった今着てる衣装を夕食の前に洗いたいんだった。え、じゃあ、私、てことは、今、まず、えっと、何を、何を……。

大人と子どもの違いとは、チューニングが迅速に出来るかどうかだと思う。

ミステリーハンターモード全開マックスの超スーパーミステリーハンターモードにチューニングした私は、まず虫除けネット帽子を被り、窓を開け、日傘を振り回しながらスズメを外に追い出した。床にこびりついたわりとフレッシュな鳥の糞はできるだけきれいに拭き、カラカラなのはそのままに。

次に洗面所をチェック。なるほど。その小屋にはシャワーはなく、水を溜めて身体を拭く用に水色のバケツが一つあるだけ。思わず「ラッキー」と呟《つぶや》いた。

いつも洗面台シンクに水を溜めてつけ置き洗いをすることが多いのだが栓が壊れていることが多く、持参した大きめのスーパーボールをグイッと排水口に押し込んで栓の代わりにしていた。しかし時間が経つと水が流れてしまっていることが多い上に、その間は洗面台が使えない不便さもある。だからバケツがあればこれでつけ置き洗いができるから「ラッキー」なのだ。

早々に着ていたオレンジの衣装を脱ぎＴシャツに着替え、バケツに水を溜め洗剤を入れて軽く手でもみ洗いする。他の洗濯物も入れこのまましばらくつけておいて、晩ご飯から戻ってきたらすすいで外に干しておこう。この気候なら一晩で乾くはずだ。

さて、お次は肝心の虫たちだ。数匹なら一匹ずつなんとかするのだけど、こう大量だと、もうあれを使うしかない。

私はスーツケースからバルサンを出し、部屋の真ん中にセットした。夕食に出かける直前に煙を噴射しておけば、部屋の隅々まで殺虫剤が行き渡り、元気よく飛び回っていた大量の虫も、屋根にこっそり潜んでいた手強《てごわ》い虫も、帰ってきた頃にはもうオサラバして部屋の静けさを取り戻しているだろう。持ってきた自分よ、グッジョブ！　しかも時計を見たらちょうど夕飯の時間じゃないか。私は自分の手際の良さにうっとりし、バルサンをセットして、ドアをバタンと閉めた。

楽しく食事を終え、明日の撮影の打ち合わせもし、部屋に戻ってきたのは夜10時頃だった。

恐る恐る部屋のドアを開けてみると、予想通りさっきまで飛び回っていた大量の虫は全て床に落ちていた。「イエスッ！」思わず小さくガッツポーズをする。

ベッドの上にもたくさん虫が落ちて死んでいたが、これは後で全部払い、持参したダニ予防シーツを上に敷いてその上に寝れば気持ち悪さも半減するだろう。何て準備がいいんだ。ふふ。さすが超スーパーミステリーハンターは違うわぁ。さて、先に身体でもふいて、それから洗濯物をすすいであとはゆっくり寝るとしよう。

我ながら自分の賢さに感心しながらスーツケースに目をやった時だった。

あれ？　なんか、あそこだけ黒いベールがかかってるみたい……。

一瞬「？」となったが、すぐに状況を理解し、自分の愚かさに膝から崩れ落ちそうになった。

部屋に唯一あった灯りは壁に刺さるように設置された裸電球。

チェックインした時はまだ夕方で外は明るかったが部屋の中は薄暗く、私はその電球の真下にスーツケースを広げ作業していたのだ。貴重品はいつもリュックに入れて持ち歩くし、この日はもう掃除の人も部屋に入らないだろうと思いスーツケースを開いたまま、そして電球をつけたまま、夕食に出た。

外が暗くなると電球の灯りに吸い寄せられるように虫たちが寄ってくる。そう。虫は灯りに寄ってくるのだ。電球の周りを取り囲むように黒々とびっしり羽虫が舞い、そしてバルサン効果で息絶えた虫たちはそのまま下に落ちる……。

それはまるで、黒い粉雪が積もったようだった。着替えを入れている洗濯ネットの小さな穴にも入り込むように粉雪は積もり、何もかも平等に覆っていた。

メー　サラーム　テクールギー（もうクエスチョンは出さない）

メー　サラーム　テクールギー（もうクエスチョンは出さない）

ショックのあまり頭が真っ白になり、どっと疲れが押し寄せる。あぁ、眠りたい。もう何もかも放り出して眠ってしまいたい。

疲れた体を引きずり、スーツケースから全部荷物を出し、外で一つずつ全て払った。洗濯ネットに入っていた服も一枚ずつバサバサと払い、最後はスーツケースをひっくり返してバンバンと叩いて中の虫を出した。向かいの小屋にいたディレクターがドアを少し開け「はまじ何してるの？」と聞いてきたので「寝る準備」と答えた。

最後の力を振り絞って、つけ置き洗いをしていた洗濯物をすすぎに洗面所へ行く。バケツの中の水をザッと流すと、中から大きなバッタも一緒に流れてきた。体長6～7センチほどのよく太った緑のバッタは、明日着る予定の鮮やかなオレンジの衣装に包まれるように横たわり、そして脚は一本折れて衣装の袖にひっかかったままになっていた。

なんなんだよ、もう……。驚くエネルギーすらもう残っていない。洗い直す体力も気力ももうとっくにない。そっとバッタの脚を袖から外し、窓を開け外に脚とバッタを放り投げ、衣装は洗い直すことなくそのまますすいで乾かした。

「じゃあ、あそこの位置からスタートして、最後の立ち位置はこの辺りね。眩《まぶ》しいかもしれないけどクエスチョンだからカメラ目線でお願いしまーす。準備オーケーなら回していこう！」

ディレクターの掛け声とともに、自分のポジションに立つ。

砂と岩の荒涼とした世界が広がる巨大な遺跡の中、鮮やかなオレンジのブラウスがとても良く映える。これを選んで良かった。七分袖の袖口にはビジューの飾りがぐるりとあしらわれ、襟なしのシンプルなシルエットにさりげなく華を添えている。

風が吹き、ふわりとブラウスを膨らませる。洗いたてのブラウスから太陽の匂いがし、新しい一日が素晴らしいものになる予感をはらんでいる。

スズメとの格闘も、払いのけた黒い粉雪も、バッタの脚とともに折れた私の心も、全て今この瞬間のためだったんだと、心がムクムクと膨らんでいく。このムクムクのために頑張ってきたのだ。そしてこのムクムクがあるから、どんなに大変でもやめられないのかもしれない。

メー　サラーム　テクールギー（もうクエスチョンは出さない）

メー　サラーム　テクールギー（もうクエスチョンは出さない）

私は顔を上げ、大きく息を吸って、お腹に力を入れた。

「それではここで、クエスチョンです！」

歩き出すリズムに合わせるかのように、袖がふわりと揺れた。

魚釣りのベスト

あまり物を持たない人だった。

いつ会っても大体同じような格好をしていて、時間が許せばどこからでも歩いて家まで帰り、そして嬉しそうに「この前は1時間で家に着きました」と律儀に報告してくれるような人だった。

歩いて帰る時も、ロケに行く時も、いつも同じ靴を履いていた。「この靴、もう20年くらい前に買ったんですけど、底を張り替えてずっと履いているんです」と、ロケの待ち時間で会話が困った時には必ず言った。「何年も前からずっと同じことを言ってるから、実はもう30年くらい経ってるんじゃない？」と私が意地悪く言うと、困ったようにくしゃりと笑い、靴先を手のひらでゴシゴシと撫でた。茶色の頑丈そうなひも靴がうっとりと身を委ねる子犬のように見えた。

私はそんなSさんが大好きだった。私より20ほど年上の、カメラマンのSさん。

どんな秘境ロケでも、まるでサラリーマンが2泊3日で出張に行くようなサイズのナイロンバッグ一つしか私物がなく、「パンツ何枚持ってきたの？」と聞くと、「2枚です」と自信たっぷり教えてくれた。無駄がなく、習慣は呼吸となり、迷いのない行動は野生動物のように洗練されていた。

誰かのことを思い浮かべる時、その人のどんなことが思い浮かぶだろうか。表情、着ている物、話し方、使われていた言葉、食べていた物。どんなことが、まず頭に浮かんでくるだろう。

それは直接本人に会って何かしらのコミュニケーションをとっている時よりも、明確なその人の匂いがするのではないだろうか。記憶に刻まれた残像はその人の「こうでありたい」という見えない輪郭を漂わせ、発せられた言葉はメッセージとなり幾度も幾度も繰り返される。そしてふと自分のタイミングでそのメッセージを受け取った時、それはその人からのギフトになる。

私がSさんを思い浮かべる時、底を何度も張り替えた靴とともに、もう一つ強烈なイメージとなってよみがえるものがある。ロケ中必ず着ていた、魚釣りのベスト。かっこよく言えばフィッシングベストやカメラマンベストなどというのだろうが、私はあえて魚釣りのベストと呼びたい。その方がなんとなく、Sさんの柔和で素朴な雰囲気に合うような気がするからだ。

ベージュで、前にも後ろにもたくさんポケットがついている、いわゆる一般的な魚釣りのベストだが、その一つ一つのポケットにはSさんしか知らない細やかな規律があり、その規律に沿って収められている物たちはどれも自分こそ唯一無二の選ばれしものだと、とても誇らしそうだった。

ボールペン、メモ帳、小さくたためる老眼鏡、ハンドタオル、ティッシュ、絆創膏《ばんそうこう》、ペンライト、万能ナイフ、緑色のネジネジしたバネのようなもの（これはベストを買った時に最初からついていたものだと確か言っていた）、電子辞書、お財布、携帯、パスポート。パスポートは飛行機に乗る時は左の胸ポケットに、ロケ中はジップロックに入れられてから背中のポケットに収まるのがいつもの決まりだった。

ある時、みんなでたわいもない話をしていたら自然の流れで「Sさんはどんな女性が好みのタイプなの？」と聞くことができた。聞くことができたというのは、普段そういった類《たぐい》の会話は一切しない人だということをいつもの仲間たちは十分に理解していたし、それを尊重したいと思うほど彼のことをみんな慕っていたので、会話からそっと後退《あとずさ》りするS

さんを誰も追いかけたりしなかったのだ。

その時のＳさんは、藪《やぶ》の中を歩いていると突然見たことのない生き物に出会い、どう対処するのが正解なのかぐるぐると考えている野生動物のようだった。私たちも普段決して開けようとしなかったドアをノックできたことに静かに驚き、そしてこれ以上彼を驚かすまいと、息を潜めてじっと待った。

「大きな音を立てない人です」

しばらくしてボソリと、しかしキッパリと答えた。それに対して誰も何も言わなかったのは彼に対しての敬意と、これ以上ないＳさんらしい回答にこれ以上何も質問することがなかったからだ。

動物が毛《け》繕《づくろ》いするように、一つ一つのポケットの角を指でピシリと伸ばし、整え、乱れがないことを確認すると、安心したようにまた藪の中に帰っていった。

私たちは、Ｓさんのことが本当に大好きだったのだ。

樹木とドレス

もう大体の花嫁道具も自分で揃えたし、あとは好みのウエディングドレスを見つけて購入しようと思っていると電話で母に伝えると（細かな話の流れは忘れてしまったが）、両親がドレスを買ってくれることになった。

おそらく母は「一日しか着ないのに買うなんてもったいない。お金をドブに捨てるようなもんだ」というようなことを言ったと思うが、「その一日を一生後悔しないために買うんだよ」などと屁理屈を言い、何やかんや言っているうちにそうなったと記憶している。

いやはや、なんとも贅沢な話ではないか。ちょっと高いけど奮発して、お気に入りのカシミアのコートを買いたいの。そうね、黒かネイビーで、シンプルなシングルボタンで、おばあちゃんになっても大切に着たいの。というのとは話が違う。

そもそもウエディングドレスに憧れを持っていたというわけでもないから、どんなシルエットでどんな雰囲気のものが良いという自分の好みすらわからない。ドレスに対する哲学やポリシーがあるわけでもなくただの自己満足で買いたいと言っているのだから、自分の強欲さにはたはた呆れつつも、隠し切れないトキメキがバレないようになるべく難しい顔をしていた。

ウエディングドレスといえば、若い頃によくやらせていただいたドレスのカタログ撮影がパッと頭に浮かんでくる。

最初の頃は華やかなドレスが着られるのが単純に嬉しくて浮かれていたが、それも最初のうちだけ。すっかりドレス免疫ができた頃には千本ノックをやってのける野球少年のように黙々とカット数をこなしていた。

ドレスの撮影は洋服と違って一度ポーズを決めたらあとは動けないことが多い。裾を、ベールを、スタイリストさんが入念に整え、美しいさざ波を作り、静寂を広げる。カメラマンはレースの荘厳さに敬礼するように、照明やレンズ、状況や経験と静かに対話する。最終的なポーズが決まると、ヘアメイクさんが最後の微調整で髪を膨らませ、流し、頬に少しの夢を足す。

それら全てを崩さないように、モデルはじっと息を潜め、樹木になる。肩を後ろに回し胸を張り、お腹に力を入れ、背筋を伸ばし、膝で、肘《ひじ》で、テントを張るようにドレスやベールのラインをキープする。この枝で鳥がゆっくり休めるよう、枝先から輝く新芽の糸が伸びるよう、樹木になる。

　そうして全てのカットを撮り終えた後には、必ず水をガブガブ飲んだ。他のモデルさんはどうだか知らないが、超胃下垂の私は昭和のスポ根魂よろしく、数えられるほどの米粒と唇が濡れる程度の水分だけで毎回挑んでいたからだ。自慢にもならないが、バリウム検査をした時に12センチも胃が下がっていると驚かれたことがある。もちろん妊婦に間違えられて電車で席を譲られたことも当然ある。

　もしピッタリとしたマーメイドドレスを着た時に胸よりも腹が出ていたら正確なシルエットが伝えられない。そうなると樹木どころかマネキンとして失格である。次の撮影に呼んでもらえず、本当に米粒を噛み締める生活になってしまう。

　なのでドレス撮影の前日は「明日のためにスタミナのつくものをがっつり食べておこう」と胃袋にも気合いが入っていた。まさに試合であり、それは美しい樹木になるための、自分との密《ひそ》やかな契約だった。

何軒かお店を見て回り、段々と自分がどんなドレスが着たいのかわかってきた。お店によってはデコラティブなデザインが得意なところや、アンティークレースのような繊細さが売りのところなどそれぞれの特徴があり、なんのポリシーもない私でもお店に入って数分で「あ、ここは好みじゃないな」と判断できるまでになっていた。

とにかく、シンプルなのがいい。レースなどの装飾は一切なく、存在そのものに華があるもの。サラサラとした軽やかなものより、しっとりと濡れたような重厚感のあるもの。その方が洗濯板のような薄っぺらい上半身もカバーしてくれるだろう。埋もれていた理想を消去法で掘り起こしていくうちに、ある一つの記憶に辿り着いた。

小学校４年生の時。普段は誕生日とクリスマスくらいにしかおもちゃを買ってもらえなかったが、なぜだかある日突然母がドレスを買ってくれた。当時の私の一番の親友だった、バービー人形のウエディングドレス。

近所のデパートに一緒に買い物に行った時、私が着せ替え人形の衣装コーナーでよほど目がギラギラしていたのか、母が珍しく「一つだけなら買ってあげるよ」と言ってくれたのだ。滅多にないチャンスに小躍りしたが、子どもごころに「あんまり値段が高くない方がいいよな……」と思い、トレーナーにジーンズのようなカジュアルコーナーの棚に視線を移した。

すると母はくすりと笑って「これが欲しいんでしょ」と、ウエディングドレスが入った箱を取り、私に手渡してくれた。私がこのドレスの前で動けなくなっていたことを、母はわかっていたのだ。

それは私の宝物となった。

余計な飾りが一切ないデザインで、直線的なネックラインは鎖骨を綺麗に見せ、ウエストからふわりと広がったシルエットは優しく丸みを帯び、青みがかった真っ白な生地にはしっとりとした光沢があった。

ドレスをより愛おしくさせたのが、セットで入っていたベールだった。まるでブーケの中のかすみ草のように主役を引き立て、バービーの頭につけてみると幸福の繭《まゆ》にすっぽりと包まれたお姫様のようだった。

嬉しくて嬉しくて、毎日そのドレスを着せ、ベールをつけ、時間の許す限り空想の世界に浸り続けた。私のバービーが、今世界で一番可愛いバービーに違いない。そして何より、普段忙しい母が私を見つめていたこと、その私の見つめる先の物を受け入れてくれたことが、弾《はじ》けるほど嬉しかった。

しかしその幸福も長くは続かなかった。友達に、ベールを盗《と》られてしまったのだ。

その子の家で人形遊びをしている時、なんとなくいつもより口数が多いので変だなとは思っていた。ニコニコと私にやたら話しかけ興味を違うものへと向けた瞬間、そばにあった新聞紙をベールの上にかぶせ、サッと自分の方へ引き寄せたのだ。

私はすぐにそれに気がつき新聞紙の下に隠されたベールを取り戻した。その子は「あれ？　なんでこんなとこに入っちゃったのかな？」と笑って誤魔化《ごまか》していた。

しかし諦めずにどうやらまたチャレンジしたようだった。気がつくとベールはどこかに消えていた。

帰る時に「ないねぇ。どこいったんだろうね。出てきたらすぐ届けるよ」と、笑顔で言っていた。証拠もないので責めることもできない。

靴を履いてもなかなか帰ることができず佇んでいたら、玄関で飼われていたシマリスがカラカラと回し車で遊び始めた。

「どした？　遊んでるの？　可愛いね」その子が嬉しそうにしゃがみ込んでリスに話しか

けると、トレーナーに描かれていたタキシードサムの顔がぐにゃりと曲がり、早く帰れと私を睨《にら》んでいるようだった。

吐きそうなほど暗い気持ちで、家に帰った。

完璧な幸福だっただけに、ダメージは大きかった。悔しさは怒りになり、怒りは憎しみになった。そのドレスを見るたびにあの子の笑った顔が浮かんだ。

ベールを失くしたドレスは取っ手が欠けたマグカップのようだった。まだ使えるが、あの完璧な幸福の形を知ってしまった以上、それはもう幸福ではなかった。

ドレスに詳しい編集の人やスタイリストさんに相談し、ニューヨークのブランド『ヴェラ・ウォン』がいいんじゃないかと教えてもらった。新宿伊勢丹に入っていることがわかり、すぐに見に行った。

華やかな店内に入ってすぐ、自分の胸がどんどん高鳴っていくのがわかった。

気になるものを何着か選び実際に試着させてもらい、これもいいですね、これはここが素敵ですねと店員さんとおしゃべりしながら迷っているふりをしたが、全く会話は頭に入ってこなかった。本当はすぐに気がついていた。

ここにあったのだ。

直線的なネックライン。ウエストからふわりと広がるシルエット。濡れたような重厚感。前から見ると何も飾りがなくとてもシンプルで、小学4年生の時に失われた幸福のドレスが、ここにあった。

違っていたのは後ろのデザインだった。お尻の上の辺りにどっしりとしたリボンが一つだけ付いていて、そこからタックが入り、まるで舞台の幕が開くようにドラマティックに広がっていた。

十分大人になった私は、この大きなリボンを素直に素敵だと思えた。リボンといえども甘い雰囲気ではなく、巨人がラフに蝶々結びしたような潔い生地の使い方はモードですらあった。

しかもこのリボンのお陰で座布団みたいに平べったい私のお尻がドナルドダックのように持ち上がって見える、あぁ。ついに見つけた。見つけてしまった。この舞台で演じたい。くらりと倒れ込み、この青みがかった白の海に身を任せたい。もう、これしかない。その時店員さんが言った。

「本当によくお似合いですが、少し丈が長いので裾をカットしてお直しをされた方がいいかと思います。もしくは12センチのヒールを履けば、カットせずにこのままのドレス本来のシルエットで着ることができますよ。どうなさいますか？」

結婚式の当日、私は身長１８０センチの大きな花嫁になった。旦那の背が１８４センチだから、バージンロードを歩く姿は大木が２本ゆらゆら揺れているようだったに違いない（すぐに12センチのヒールを探したがなかなか見つからず、ギャルショップに行き、白の厚底サンダルを買ったのだ）。

12センチ下がっている超胃下垂の花嫁が、12センチの厚底サンダルを履いて、人生の滑稽さを体感している。母に買ってもらったドレスを着て、樹木でもなく、バービーでもなく、宝物を取り戻している。

そして、許している。

ウエディングドレスは私にとって、人生を優しく撫でるためのものだったのかもしれない。

おまじないの靴下

ストックがなくなると不安になりすぐに買い足すものが、息子の靴下だ。買うのは無印良品の『足なり直角　かかとに合う　靴下』と決まっていて、色もネイビーとグレイを何足かまとめ買いしておく。

理由は単純で、親の好みで「柄がなくシンプルなものがいいよね」と、赤ちゃんの頃から無印良品の靴下を履かせていたら、小学生になった今でも習慣になっていることと、公園でもどこでもすぐに靴を脱ぐので、限界まで汚れた時の「大丈夫。帰ったら新しい靴下がある」というイライラ緩和のおまじないのようになっていること。

当の本人は今のところ自分のありとあらゆる身につけるものに全く執着がなく、ただこだわるのは「チクチクするかしないか」だけの判断で、差し出されたものをそのまま受け入れてくれている。お陰でここ数年、季節に印を押すように無印良品の靴下を買い続けている。

私が小さい頃は（というかおそらく誰でもそうだったのではないかと思うが）、靴下はパンツと同じように「人目につかない地味なアイテム」という位置付けで、毛玉だらけになろうが、親指に穴が空いていようが別に困ったことではなかった。少し親指の居心地が悪いだけで誰にも迷惑はかけておらず、なんら変わりなく鬼ごっこもできたし、ご飯も美味しく食べられた。

生まれて初めてわざわざ靴下を買ったのは、高校生の時だった。「アニエス・ベー」の白いくるぶし丈の靴下で、横にポンとひとつ「b」の字が筆記体で記されていた。お決まりの制服がずらりと並ぶ中、限られた範囲でのささやかな自己表現は、女子たちの毎日の楽しみでもあった。しかし「あぁ、この1200円をあのワンピース代の足しにしたかった……」というのが正直なところだった。いつも頭の中は洋服のことでいっぱいだったのだ。

大人になってからもスニーカーには白、ローファーには黒の靴下を黙々と合わせ、洋服と靴を自然に、かつしっかりとつなぎ合わせるための「のりしろ部分」としてなんら疑うことなく快適に過ごしていた。

その感覚がガラリと変わったのが、スタイリストの山本マナさんのスタイリングを見てからだった。モノトーンの服に赤や黄色の靴下を合わせ、そこだけパッと華やいだ色になることによって全体のスタイリングに、はたまたその人自身の放つ雰囲気に、はっきりとした輪郭を作り出していた。それはまるでぼんやりとしたすっぴんに赤い口紅をさした途端、表情に意志が現れるように。

衝撃的だった。今までこそこそとなるべく人目につかないように扱っていた靴下が、コーディネートの主役にもなれるだなんて。目に映ったものをさらりと流すことができず、何度も繰り返し噛み締めるほど、本当に身体の奥底から衝撃を受けた。

私はマナさんの大ファンになりスタイリングを追いかけ続けた。ついにはなんと図々しいことに、雑誌の連載ページでマナさんに担当してもらえないかとダメもとで編集者に連絡してもらった。ありがたいことにマナさんとのご縁のトンネルが開通し、定期的に彼女のセンスに直接触れられるようになると日常でも靴下に気を使うようになり、「地味なアイテム」から「お洒落を制するもの」となっていった。

色のついた靴下を日常のスタイリングでも取り入れるようになると、それまで黙々と履いていた白や黒の「のりしろ隊」にも変化が現れた。白は白でもリブがあるもの。ないもの。つるんと光沢のあるもの。肌が透けるほど薄いもの。暖かいモヘア素材の肉厚なもの。

「のりしろ隊」が「縁の下の力持ち隊」へと昇格し、毎日頼りにするようになった。

特に16年間司会を務めさせていただいたＴＢＳの『東京ガス　暮らしのレシピ』という朝の番組ではゲストの方のご自宅にお邪魔して撮影すること多かったので、毎回靴下選びには頭を悩ませていた（衣装は用意していただいていたが、靴と靴下だけは自前だった）。

せっかくの衣装の雰囲気を私の靴下で台無しにしないよう、靴下だけが前に出てゲストの方より目立つことのないよう、そしてなによりも私の姿が視聴者の目に映った時、さらさらと葉が揺れる程度のささやかな残像となり、素直に番組を楽しんでもらえるようにと考えた。そうしてたどり着く靴下は、白でも黒でも時には赤だったとしても、いつでも決まって「清潔なもの」だった。

自分の靴下に気を使うようになると、つい人の靴下にも目が行くようになる。いや、おそらく自分の靴下も、以前から見られていたのだろう。

相手のふとした表情に隙を感じた時、好感を持てたり、逆にざわりとしたりするように、私の管理しきれない仕草から内面やプライベートのさまざまなことを発信していたのが、靴下なのではないだろうか。社会的な顔が一瞬引っ込んだときのように、その人の本質が靴下から一番伝わるような気がしてならない。そう思うと、今までの自分はなんと無防備だったことか。

誰かのご自宅に上がるときはなるべく新しい清潔なものにしたいが、新品でなくとも、きちんと手入れされているのを見れば、なんとなく気持ちがいい。それを相手にも感じてもらえたらと、私はせっせと息子の靴下の穴を塞《ふさ》ぎ、毛玉をとり、汚れた部分はウタマロ石鹸でゴシゴシと洗う。

そしてまた新しい季節がやってくると、おまじないのように、息子の靴下を何足か買い足す。

呪いと喪服

子どもの頃に聞いた怖い話で「あぎょうさん・さぎょうご」というのがある。

それはこの言葉を聞いた瞬間に呪いがかかり、「あぎょうさん」というお婆さんと、「さぎょうご」というお爺さんが夜中の2時に部屋の片隅に現れ、ゆっくりとこちらに近づいてきて、目の前まで来るとあの世に連れて行かれてしまうという。

連れて行かれない方法は二つ。一つは、枕元に金色か銀色の折り紙を置き、その上に針を数本並べ、こちらに向かってくる「あぎょうさん」と「さぎょうご」めがけて針を投げつける方法。そうするとすうっと消えていくという。もう一つの方法は、この呪いの言葉の謎を自分で解くこと。謎さえ解けばそもそも二人は現れないという。

姉からこの話を聞いた時はなんてことをしてくれたんだと絶望し、謎が解けないまま初日の夜を迎え、もう6年生だったが「しばらく一緒に寝るから」と堂々と宣言して母の布団に潜り込み、枕元には折り紙の上に針を数本並べていつでも戦えるようスタンバイしてから寝た。

姉も母も不思議なほど怯えておらず、なんでこの人たちは家族が窮地に立たされているのに無関心なんだろうと腹も立ち、次の日も次の日も「あぎょうさん」と「さぎょうご」のことで頭がいっぱいだったが呪いの言葉ゆえに友達にも相談できず、一人で「あの世」を想像する恐怖の数日間を過ごした。

ちなみに謎の答えを知っている方も多いと思うが、あ行の三つ目が「う」で、さ行の五つ目が「そ」。答えは「うそ」。これを知った時はズッコケるほどの安堵感と、恐怖が深かった分だけ「なんてよくできた仕組みなんだ」と心から感心した。

あの恐怖の数日間、いつも私のそばに「あぎょうさん」と「さぎょうご」がいた。

ご飯を食べる時も、学校の授業中も、飼っているインコに餌をあげている時も二人はそこにいた。「あぎょうさん」は横から咀嚼《そしゃく》をじっと見つめ、「さぎょうご」は後ろから漢字の書き順を見張り、窓を開けて鳥の餌の殻を庭にふっと吹くと、二人の着ている薄汚れた衣もふわりと風に揺れた。

二人とも和服姿で、それは元々グレイやベージュのようなぼんやりとした色だっただろうが、はるばる私を迎えに三途《さんず》の川を渡ってきた長旅のせいか、はたまた何百年も同じ物を着て洗っていないせいか、全体的に焼け焦げたようなシミがあり、穴が開いて、裾は擦り切れ、襟は黒ずみ、つぎはぎだらけの着物はさらにみすぼらしいボロきれになっていた。二人のようにあの世にもこの世にも属せないものは、ひび割れた壁や湿った地面などこの世のあちらこちらにそっと紛《まぎ》れ込めるよう、くすんで汚れたものしか与えてもらえないのかもしれない。

　逆にきちんと成仏《じょうぶつ》できた人を想像する時、大体白くて清潔な衣服を身につけていることが多い。テレビや映画の影響もあるだろうが、現実でも棺《ひつぎ》に横たわる亡骸《なきがら》が白装束を身につけているからかもしれない。

　そして天国では、美しい光が降り注ぐ花畑で気持ちよさそうに佇んでいたり、木陰で鳥のさえずりを聴きながらのんびり読書をしていたりと、痛みも苦しみもない世界でみんな穏やかに過ごしている。

　もしそれが知り合いだった場合、白い服ではなく生前その人がよく着ていた服を身につけ、満たされた優しい顔をしている。その表情からこちらに残されたものも安堵感に包まれる。だから大切な人をあの世に送る時、棺の中にお気に入りだった服や、愛用していた品物をそっと入れたくなるのかもしれない。

送る側が黒い服を着るのは、とめどない悲しみを共有するための礼儀作法ということの他に、死者を正しく天国へ導くためなのではないかと思う。まだか細い光のその先へ、先へ、正しく進んでいきますようにと、みんな黒い服を着て深い暗闇となる。暗闇であればあるほど光は見えやすい。万が一どこかから邪悪な手が伸びてきて別の場所へ引き摺り込まれそうになった時は、私たちの暗闇がその手を飲み込んであげますから、どうか安心して光だけを見つめてくださいね、と。

以前仕事で喪服をデザインさせてもらったことがある。デザインと言ってもプロの方がいて、私はシルエットや丈の長さや生地などを口頭で伝えるだけなので大変恐縮だったが、本当に欲しい喪服を作るという滅多にないチャンスだったのでありがたくやらせていただいた。

その時実際に持っていた喪服は2枚。1枚はまだ20代の頃に買ったもので9号サイズ。そのため30代の妊娠中に喪服が必要になった時には着れず、仕方なく13号サイズのものを買い直したのだ。どちらもジャケットとセットになっており、セットになっているということはその状態が最もきちんとして見えるのだろうかと、気温が高くても汗をかきながらジャケットを羽織っていた記憶がある。

そして何より居心地が悪かったのは、スカート丈だった。タイトというほどでもないがふんわりと広がってもいない、喪服としてはベーシックなストンとしたシルエットのワンピースで、丈は膝下の長さ。なので正座をすると裾が上に引っ張られ、膝がチラチラと見えそうになるのが気になって仕方がなかった。

その経験から、女性の体の様々な変化を包み込み、温度に振り回されず、動作にストレスを与えない、つまりきちんと悲しみに集中させてくれるものが本当に欲しい喪服だとたどり着いた。

その思いをスタッフに伝えるとみんなそれぞれに同じような悩みを抱えていたことがわかり「もう買い直さなくても良い、人生で一枚の喪服」にしようと、みんなでアイデアを出しながら理想のものをデザインした。

妊娠中や年齢による体型の変化にも対応できるようにゆったりとしたAラインに。共布《ともぬの》の細いベルトをセットで付けたのでウエストを絞って着ても素敵だ。たっぷり長めの丈とふんわり広がったシルエットのお陰で正座をしても膝が出ず、リラックスする時にはこっそりと脚だって崩せる。もしストッキングが伝線していてもドギマギせずやり過ごせるだろう。ジャケットがなくてもきちんと見えるよう、袖は七分袖にし、首元は詰まった丸首にした。これならば暑すぎず寒すぎず、咄嗟《とっさ》の洗い物でも袖は濡れず、靴の脱ぎ履きで身を屈《かが》めた時も胸元を気にしなくてよさそうだ。

この喪服を着たのはまだ一度だけ。数年前に亡くなった義母の葬儀だった。

何にも邪魔されることなくゆっくりと悲しみの泉に浸《つ》かっていく。泉の底からうっすらと見えてきた光に目を凝らすと、確かに存在した故人の輪郭が見えてくる。いつものお気に入りの中綿のベストを着て、好きだった穴子を美味しそうに食べ、ときどき天然ボケなことを言い、嬉しそうにエヘヘと微笑んでいる。元気な時の顔で、身体で、自由に動くことができている。もう痛くないんだね。あぁ、よかった。心配したんだよ。よく頑張ったね。偉かったね。またね。また会おうね。その時まで少しお別れだね。ありがとう。大好きだよ……。

この世とあの世のつながりがどうなっているのか、どうもなっていないのか、あの世なんて存在すらしていないのか私にはわかる術《すべ》もないが、一つ言えることは、いつか必ず死ぬということだ。そして残されたものは、もう二度と壊れることのない完璧な物語を大切に温める。その物語を温めながら、自分の生を燃やしていく。

息子を妊娠している30代の頃、祖母が天国に旅立った。

葬儀の時姉が「お腹に鏡を入れておいた方がいいよ。子供の身体にあざができるよ」と、小さな手鏡をそっと渡してくれた。半信半疑で腹帯《はらおび》に忍ばせ過ごしていたが、トイレでうっかり床に落としてしまった。慌てて入れ直したが、向きが逆だった。鏡の面を外側にしなければいけなかったのだ。

産まれてきた息子の太ももにカフェオレの染みのような可愛らしいあざを見つけた時、コーヒー牛乳が大好きだった祖母がくれたお守りだと、私は物語を温めることにした。

「うそ」のような、本当の話だ。

ピンクの記憶

先日私のマネージャーに「はまじさんは私にとってピンクマスターです」と言われ、とても嬉しかった。

彼女はアパレルに勤めていた経験もあり洋服のことを熟知していて、なおかつ抜群にセンスがいい。ノーカラーの白いシャツにインディゴブルーのデニムや、グレイのスウェットにグレイのマニッシュなパンツ、それに黒のコンバースを合わせるなど、いつもシンプルでカジュアルな印象だ。

しかしどんなシャツにも必ずアイロンが掛けられていたし、スウェットの下からのぞく華奢な金のネックレスはさりげなく上品で、ただのカジュアルではない。まるでお気に入りの喫茶店で一人コーヒーを飲みながら静かに本を読んでいるような凛とした空気が漂っている。

私もどうやったらその「凛とした空気」をかもし出せるのか、密かにいつも彼女のコーディネートをくまなくチェックして、真似できそうなスタイルはしれっと取り入れている。

そんな彼女に「ピンクマスター」と言われたものだから、はてさて私はどんなピンク色を持っていたかなと、手持ちのアイテムをふわふわと見渡してみた。

「コンバース」のハイカットスニーカー。「ヂェン先生の日常着」のバルーンパンツ。「スタジオニコルソン」のシャツワンピース。「ファティマモロッコ」の取っ手がピンクの紐のかごバッグ。「スズキタカユキ」の刺繍ブルゾン。

他にも靴下やストールなどの小物類もあったがそれは割愛したとして、それでも同年代の仲間たちと比べてみると、なるほど、ピンク率が高いかもしれない。

確かにここ数年で確実にピンクのアイテムが増えてきている。

20代の頃は、まだ幼さが感じられる頬のラインや二の腕の眩しさにピンクをあてがうといかにも甘く、とってつけたように雌の弱さとずるさをちらつかせているような気がして、なかなか手が出なかった。

30代になると少しずつピンクのものが増えてはいったが、「勝気な戦士」にとってピンクは特別な戦闘服であり、華だけでなく毒を伝えるものでもあった。

40代の今はどうだ。疲れた顔とくたびれた体型。頬のシミが、たるんだ二の腕がおのずとスタイリングを着崩してくれて、甘さは優しさに、毒は軽やかさに変化して見える。あの頃に感じていた他人に対する媚《こび》もなく、自分の華とオーラのなさを隠すための鎧でもなく、ささやかな日常にほんの少しのウキウキがありますようにと、決して贅沢ではない願いをそっと込め、ピンクの持つ力を素直に借りている。

グッと身近になったピンクだが、あの子ほど強烈な印象は残せないだろう。ピンクの記憶の片隅にはいつだってあの子がいて、時間が経てば経つほどどんどん色濃くなっていく。

小学5年生の時。いつものように家族でテレビを見ていたら、エジプトのピラミッドの前で女の人がいきいきとレポートしていた。衝撃を受けた。

え？　そこにあるの？

今まで別の惑星のもののように感じていた摩訶不思議な三角の石の建造物の前で、近所に住んでいそうなお姉さんが楽しそうに何か喋ってる。おとぎ話が、ピンッと音を立てて現実の世界につながった。

この世界にこんな不思議なものが本当に存在してるだなんて。なんでこんな大きなものを作ったんだろう。誰が作ったんだろう。このお姉さんみたいにすぐそばまで行ってみたい。見てみたい。探検してみたい。

これが、『世界ふしぎ発見！』のミステリーハンターとの出会いだった。

「大きくなったら、ふしぎ発見のお姉さんになりたい」と母の日のカードに書いたほど憧れとなり、いつしかそれは夢となった。

だからミステリーハンターになって数年後にやっとエジプトへ行けることが決まった時、他のロケ地とは違い一つの区切りのような、ミステリーハンターとしての今の成績を発表するような厳粛な気持ちになったのだ。

ギザのピラミッドは番組を象徴するものの一つだと言っても過言ではないだろう。特にその当時はエジプト考古学第一人者である吉村作治先生がロケに同行してくださることが多く、毎回ベテランのミステリーハンターが起用されていた。

長きにわたって番組を見てくださっている視聴者の方々に、「あれ？　今日はせっかくエジプトで吉村先生もいるのに、いつものレポーターさんじゃないのか。残念」と思われないようにしなくては。

普段の倍の倍ほどの資料を読み込み、吉村先生の書籍も何冊も拝読したが、不安を知識でごまかそうとすればするほどガチガチに緊張が凝り固まっていった。

ロケ当日。

ついに夢にまで見たピラミッドを目の前にした時、しばし口をぽかんと開けて動けなくなった。心底感動すると体の機能が止まったようになってしまう。

圧倒的な大きさ。これを完成させるまでの膨大な労力。大衆を突き動かせるほどの信仰対象。まっすぐ宇宙を指す完璧な佇まい。ナンダコレハ。

目の前の積み重なった巨石たちは約4500年もの間、ここに鎮座してどんな景色を見てきたのか。エジプト第4王朝のファラオ、クフ王の墓だと言われているが、歴代のファラオたちはこれを見て何を思っただろう。そもそも、本当にクフ王の墓なんだろうか。私は太陽神ラーの墓だと考えている。そんなことを吉村先生に言ったら怒られるだろうか。いや、怒るも何も、赤子が泣いていると微笑むだろうか。とにかく、ナンナンダコレハ。あぁ、ありがとうございます。誰になのか何になのかよくわからないが、頑張ってきた自分にさえも感謝したい。よくぞここに来れたじゃないか。過去にも未来にも今この瞬間にも、とにかく、本当にありがとうございます。

ひとしきり感動を噛みしめた後、緊張しながらも何とか一人でのレポート部分を終え、お決まりのラクダにも乗り、撮影は順調に進んでいった。本当の「ガチガチ緊張」はこれからが本番だ。

今回のロケでは吉村先生と一緒にピラミッドの内部に入り、「王の間」と呼ばれる部屋に置かれている棺を撮影しに行くことになっていた。

ミステリーハンターとしての力量が試される。

初見のリアクション。臨場感。目で見えるものだけではなく、画面では伝わりにくい空気や感触のレポート。うまくできるだろうか……。先生にトンチンカンな質問をしてしまうんじゃないか。怖い。逃げ出したい。目の前に立ちはだかる巨石がガラガラと崩れて私を飲み込んでくれないか。そうすればロケが中止になるのに……。

クラクラするほど緊張していたその瞬間、私の視界にパッと鮮やかなピンクが飛び込んだ。

女の子が、うんこをしていた。

5〜6歳くらいだろうか。ピラミッドのすぐ目の前の小さな窪みで、うんこをしていたのだ。

ハッとするようなショッキングピンクのスモックワンピースに、南の島の海のようなエメラルドグリーンのズボンを履いていた（と、思う。ズボンを下ろし、ワンピースはまくり上げられてお尻が見えていたので、ひょっとしたらワンピースではなかったのかもしれない。間違いないのは、とても可愛らしいお尻だった）。

辺り一面サンドベージュの砂漠地帯に咲いた、一輪の花のように見えた。それは色だけではなく、今この瞬間に生きている体温がエネルギーとなり、ぐわっと私に流れ込んできたからだ。

そうか。結局のところ、「人の営《いとな》み」なのだ。

ファラオもこうして用を足しただろうし、4500年前に完成したその日は、みんな格別にビールが美味しかっただろう。

何もかも、人の営みが地続きになって今がある。出来上がった壮大なスケールに圧倒され、その荘厳さと不思議さだけにとらわれ、負けじと挑もうとガチガチに武装したがその重さに押しつぶされそうになっていた。

わからないことは、わからない。

自分を大きく見せようとつま先立ちをしていたら、疲れて足がつってしまう。そもそも私は歴史が大の苦手じゃないか。何をカッコつけていたんだ。眉間にしわを寄せ賢いふりをするのはしばし休憩し、わかりません、教えて下さいと聞いてみよう。こずるい１００点より、自分らしく頑張った50点を目指そう。太陽神ラーよ、それでいいですか。いいですよね。

カチカチに固まっていた私の中にオアシスが生まれ、水が流れ始めた。

色鮮やかな一輪の花はこちらをちらりと振り返り、ニヤリと笑い、再び自分が今やるべきことに集中した。

これが私の、最も鮮やかなピンクだ。

蟬とバルーンパンツ

お洒落になりたい。

いつもいつもそう思って、お洒落な人をジロジロと観察しては同じバッグを買ってみたり着こなしを真似してみたりしていた。

いや、正直に言うと過去形ではない。今も時々、ふと自分がポツンと取り残されてしまったような感覚になり、慌ててお洒落な人のインスタを覗いてみては、似たような服を着なければいけないような、花を飾らなければいけないような、ざわざわと焦る気持ちになることがある。

そもそもお洒落ってなんだろうと思う。

信頼しているヘアメイクさんの一人、赤松絵利さんに言ったことがある。

「私はお洒落ピーポーには二種類あると思う。一つは『器《うつわ》ピーポー』で、もう一つは『パーティーピーポー』。どちらも素敵でそれぞれセンスが良いのだけど、タイプが違うの」

赤松さんは「面白い」と同意してくれたが、

「すごくよくわかるけど、『パーティーピーポー』って言うとなんとなく世の中的にチャラチャラしたイメージだから、もっと憧れとリスペクトが伝わるように、パーティーじゃなく『ジュエリーピーポー』って言うのはどうかな」と提案してくれた。

なるほど。とても良い。黒い気持ちなんて1ミリもなく、心から素敵だなぁと思うことを表現したいのだ。そうなると確かにジュエリーの方が品格も感じられるし、そしていつかこのジュエリーを手に入れたい、このジュエリーに似合う女性になりたいという憧れも伝わってくる。さすが赤松さん。

パーティーピーポー改めジュエリーピーポーに変更したところで、それぞれについて説明しておこうと思う（私の見解として）。

【器ピーポー】

プラスよりマイナスのセンスが研ぎ澄まされていて、日々の暮らしや使う器にさえも自分の世界観がしっかりと表れている、凛とした佇まいの人。花火のように華やかさで人を魅了するより、月の光のように静かな慎ましさで人を惹きつける人。
※私的勝手なイメージ例は、伊藤まさこさん。香菜子さん。蒼井優ちゃん。

【ジュエリーピーポー】

色々と掛け合わせるセンスに長《た》けていて、メイクも服も仕事も遊びもスイスイと気持ちよく泳ぐように思い切り楽しんで見える人。自分の世界観と世の中をリンクさせることがうまく、その人が持っているだけで物に魂が宿ったように輝いて見え、前向きなエネルギーが伝わってくる人。
※私的勝手なイメージ例は、大草直子さん。蛯原友里さん。篠原涼子さん。
（ここで例に挙げさせていただいた方は本当にあくまでも勝手な私のイメージです。そして、私が実際にお会いして、なんて素敵なんだとぐうの音も出ないほどうっとりと見惚れた女性たちでもあります）。


ここまで書いてみて、いざ自分はたった今どんな格好をしているのかと、着ているものを確認してみる。

黒の無地のTシャツ。「ヂェン先生の日常着」のグレイのバルーンパンツ。むくみ防止の黒い着圧ソックス。白と黒のサコッシュを斜め掛けして、息子の習い事の待ち時間にカフェでこれを書いている。うーん、我ながらパッとしない。人の目を気にしない半個室のようなスペースであることをいいことに、ビルケンのサンダルを脱いであぐらまで書いている有様だ。自分で言うのもなんだが、だらしがない。でも身体がとてもリラックスしてのんびり欠伸《あくび》をしているようで、その結果心まで緩んでしまったのだから、あぐらの一つや二つだってかきたくなる（と、開き直るところがまた品がない）。

そう思うと、最近は気合いを入れた格好よりも体が楽ちんであることの方が自分の中で勝り、気付けばヂェン先生の日常着のバルーンパンツばかり履いている。

ここで一つ言い訳だが、ヂェン先生の日常着がお洒落じゃないと言っているわけでは決してない。むしろこのバルーンパンツは『器ピーポー』たちもよく履いている、トップオブトップのお洒落パンツだ。

それは読んで字のごとく、バルーン型のシルエットになっていて、たっぷりと使われた生地はとても風通しが良く涼しい。足首にゴムが入っていてすぼまっているので蚊が入り込んで刺されることもなく、水遊びの時はパッと膝まで上げやすいので夏の公園遊び時の私的制服のようになっている。もちろんウエストもゴムだ。

レギュラータイプとスリムタイプがあり、両方愛用しているがスリムタイプの方がモンペのようにすっきりとしているので、ザ・かぼちゃパンツの個性的なシルエットに抵抗がある人はまずはスリムタイプからトライしてみてもいいだろう。

ちなみに私の母にスリムタイプの小豆《あずき》色をプレゼントしたらとても気に入り、「山登りの後に山小屋でリラックスする時とか、最高にいいわぁ。中にあったかいタイツとかモモヒキとかも履けるし、いいものをありがとう」と言われ、嬉しくなってグレイとネイビーもプレゼントした。なので帰省するとお揃い親子のように二人で履いている。

そもそもバルーンパンツの虜《とりこ》になった一番最初のきっかけは、友人でもあり『器ピーポー』代表でもある平澤まりこさん（私の中で『器ピーポー』の頂点に君臨している唯一無二の憧れの女性）が履いているのを見て、なんてお洒落なんだと心の中で鼻血ブーだったのだ。

早速真似をして黒のレギュラータイプを買ってみたところ、個性的な見た目のお陰であたかも自分もお洒落ピーポーのような気になれることと、なによりも他にはない抜群の履き心地にすっかりファンなり、毎年1本ずつ買い足していった結果、あれよあれよと10年間で10本のバルーンパンツが集まった。

お陰でこの10年間夏はもうこればかり履いているので、いつしか旦那も履くようになり（メンズサイズもある）、ここ最近では私がこのバルーンパンツを履き始めたら「夏がきたと感じる」とまでママ友に言われるようになった。光栄だ。蝉と同じだ。

そしてママ友が「そんなにいいなら、私も買おうかなぁ」と呟くたびに、ヂェン・ホェジョン先生という台湾の男性の服飾デザイナーが手がけていること、村の女性たちに縫製をお願いして暮らしに貢献していること、化学繊維は使わずに綿と麻だけで作られていること、一つの同じ釜で染料が無色透明になるまで染めるので無駄がないこと、そして何よりも、いかに風通しが良く涼しくて履き心地がいいのかを熱弁し、一人、また一人とバルーンパンツ仲間が増えているのもなんだか嬉しい今日この頃だ。

ただいまーと家に帰るなり汗でおでこに張り付いていたサンバイザーを玄関に放り投げ、急いで手を洗う。そしてドタドタと書斎で仕事中の旦那のところへ行き、まだ抜け切らない公園モードのままの大きな声で、

「雪さんと貴子さんもヂェン先生買ったって！　めいちゃんもまずは黒買ってみるって言ってたよ！　そうね、めいちゃんは黒が似合うよね！　あ、ねぇ、やっぱり今日唐揚げじ

ゃなくピカタにするわ！　今日中に玉子全部使っちゃおうかと思って！　あ、ケチャップあったかな⁉」と言う。

旦那はゆっくりと振り返り、迷惑さを申し訳なさで隠しながら「うん。ピカタでいいよ。ごめん、今仕事中だからまた後で話聞くね」と静かに言う。

「わかった！　さ・よ・お・な・ら！　ぶっ！」

いつも通りそう言って書斎を出て行こうとすると、旦那はピンと閃《ひらめ》いたようにわざわざこちらに身体を向け、

「ナオは、『実家ピーポー』だね」

と、いかにも名案だという風に得意げに笑った。


【実家ピーポー】

声が大きく、思ったことをすぐ口に出して言ってしまう。外面《そとづら》が良く服装には気を使うが、部屋のインテリアセンスは木を見て森を見ずで、全体的に統一性がなくごちゃごちゃして美意識が低い。デザインよりも合理的な便利さが勝り、実家ではそれが本領発揮され、チラシを折って作ったゴミ箱、蛍光灯の紐に付け足したビニール紐、中学や高校時代のジ

ャージをまだ使っている。花は意識しないと買えないが煎餅《せんべい》は常にストックしてある。大雑把。面倒くさがり。でもええカッコしい。要するに、暮らしの品格がない。

あぁ、お洒落になりたい。

二軍のスカートと秘密の薔薇

ミステリーハンターだった頃、毎回必ずスーツケースに入れていたのが、高校生の頃に買った古着のスカートだった。丈は足首くらいの長さで、全体的に小花柄で、なんといってもウエストがゴム（ここがかなりお気に入りポイント）。白、黄色、茶色の布が30センチずつくらいの間隔で段々につなぎ合わされた、ガーリーな雰囲気のギャザースカートだった。

どうしてこのスカートを約12年間ずーっとずーっと毎回旅のお供にしていたかというと、ズバリ、二軍に落ちたから。

過酷な2週間のロケで、部屋着にもなり外食にも行けて、シワも泥も虫も気にならず、暑いところでは涼しくて、寒いところでは重ねられ、そして「こんなにボロボロになるまで着倒したのだから、いつ捨てても後悔はない」という気軽さが「二軍の中の一軍」として君臨し続けたのだ。

そして何よりも手放せなかった本当の理由は、「膝下のシミをすっぽり隠してくれること」だった。星座のように散らばる膝下のシミを見るたびに、中高生時代の制服を思い出す。いわゆる典型的な品行方正な制服で登下校していた私だが、顔ばかりに日焼け止めを塗って膝下には全く関心が行き届かなかったため、20代後半辺りからしっかりと紫外線の代償が表れたのだ（とほほ）。

この膝下のシミが出現する前は、ミニスカートだって履いていた。

彼と初めておたる水族館にデートに行った時は、考えに考えて、「ドゥファミリィ」の小花柄の黒いミニスカートで行ったのを覚えている。ちなみにその時のコーディネートは、「バツ」の黒いハイネックの半袖カットソーに、白いソックス、黒の「ナイキ」のスニーカー、そして「アニエス・ベー」の黒のナップザックというものだった（当時はフレンチガーリーのようなスタイルが好きだった）。

あぁ。ミニスカートも短パンも臆することなく履いていたあの頃。はち切れんばかりの若さを振りかざし、自信に満ちあふれ、なんと健康的だったことか……と言ってしまえば南国の太陽のように健全でポジティブだが、身も心も年齢を重ねた今のマインドで振り返ってみると、「おいおい、キミは何をそんなに剥き出しにしてるんだい？」と、そっとストールで覆いたくなる（とほほほ）。

オマーンにロケに行った時、新婚さんの部屋を取材させてもらったことがある。イスラム教の人口が多い国で、女性は外出する時は頭からすっぽりと布で身体を覆い顔だけ出すスタイルが主流だ。家の中も玄関やリビングなどの共有スペースの他は滅多に他人の目に触れることはなく、私個人的にも興味深い取材だった。

「普段は絶対に見せることはないけど、遠く離れた日本の番組だから、特別にね」と言いながらどこかウキウキとした表情で奥の部屋に案内してくれた彼女は、まだ20歳くらいに見えた。

ドアを開けるとまず目に飛び込んできたのはベッドだった。ツルツルと光沢のある、燃える夕日のような真っ赤なベッドカバーで覆われ、裾のフリルがゴージャスな雰囲気を演出していた。カーテンもまるでドールハウスにかかっていそうな豊かなドレープで、彼女の着ているストンとシンプルなワンピースからは全く想像できず白昼夢を見ているようだった。棚には化粧品やアクセサリーが置かれ、その量の多さからメイクやお洒落にとても興味がある可愛らしい女性なんだなぁと想像した。ひび割れた壁や天井のシミにポスターや花柄の布を貼っていることによって、部屋のあらゆるところがカラフルだった。最初はお祭りのような賑やかな雰囲気に圧倒されていたが、よく見るときちんと整頓された物の置き方や隅々まで丁寧に掃除されていることから、彼女がこの空間を心から愛していることが伝わってきて、不思議と柔らかな気持ちになった。

部屋の取材が一通り終わった後、彼女に手招きされドレッサーの前に行った。そこには香水の瓶がずらりと並べられていて、「私の香りは、これよ」と一つ手にとって嗅がせてくれた。薔薇の甘い香りがした。

オマーンは乳香の木で国が栄えた歴史があり、香りを大切にする文化が今でも残っている。女性も男性も自分だけのオリジナルの香りを調合するという取材をしたばかりだったから、彼女から名刺をもらったようで嬉しかった（余談だが、オマーンの男性の民族衣装が大好きだ。ダシュダシャという名前で、真っ白でシミ一つなく、ピシリとアイロンがかけられた足首までの丈の長いワンピース。右肩のところに小さなタッセルが一つ付いており、男性はそこに香水をつけて香りを楽しむんだそう）。

私が表情で「とても素敵な香りだね」と伝えると、彼女は嬉しそうに他の香りも嗅がせてくれた。そして「あなたはどんな香水をつけているの？」と聞いてきた。このロケ中何度も繰り返しされた質問だったから、通訳さんを通さずとも彼女の質問が何となくわかった。

スタッフは別のものを撮影していたので、そこには私と彼女の二人だけだった。私は誰もこちらを見ていないことを確認し、彼女の目を見つめ、そっと洋服の襟元を下げて胸元を見るように合図した。彼女は戸惑いながらも私の洋服の中を覗き込むと、ひゃっと声を出し、そして弾けるように笑い出した。

私はこっそりと、ブラジャーの中に薔薇の花びらを詰めていたのだ。

それは最初は苦肉の策だった。「あなたの香りは？」と聞かれるたびに「香水にさほど興味がなく一本も持っていません」という本音を隠し「今日はつけていません」や「つけるのを忘れてきました」などと答えていたのだが、彼ら彼女らに対しての敬意が欠けているような気がして居心地が悪かった。そして香りの国にいながら何の香りも持たない自分はどんな言葉を発しても相手に届かない、透明人間のような情けなさもあった。

それで薔薇園の取材の時にいただいた花びらを、そっと下着の中に忍ばせたのだ。「香りを楽しむというこの国の文化が、私はとても素敵だと思っています」という思いを込めて。

苦肉の策だったが、悪くなかった。最初はフレッシュだった薔薇の花びらは体温や汗と共にくたびれて濃密な香りを放ち、何人かに「あなたの香水、いい香りね」と褒めてもらえた。その度に私は笑顔で「ありがとう」と言い、そっと胸に手を当てた。

彼女はおかしくてたまらないという感じでひとしきり笑った後、目を輝かせ、私の手をひき、一つの引き出しを開けるように指示した。

「開けていいの？」と私が表情で伝えると、「いいわよ、早く早く！」と悪戯《いたずら》を楽しむ少女のような笑顔で応えた。

おそるおそる引き出しを開けてみると、今度は私がひゃっと声を出す番だった。

そこには色とりどりのレースの下着が並んでいた。ひと目でセクシーなものだとわかるそれらは、得意げに咲き誇る薔薇のようにこちらを見返し、今か今かと出番を待っているようだった。

彼女は私の驚いた顔を見て「大成功！」と言わんばかりに倒れ込むように笑い、そして私も「やられた！」と笑った。

秘密を打ち明け合った私たちはお互いの薔薇を讃《たた》えるように、いつの間にか手を取り合って笑っていた。ベッドカバーに日が差し込み、水面に映る夕日のようにキラキラと輝いていた。

その日撮影が終わってから私服に着替え、みんなで市場に行った。私はいつものギャザースカートを履いていた。女性ディレクターが「はまじがいつも履いているそのスカート、楽ちんそうでいいね」と言ってくれた。

「そうなの。これ、すごくいいよ。ウエストがゴムだし、あと丈が長いから日焼け防止にもなるよ」

市場には似たようなロングのギャザースカートがたくさん売られていたので、「はまじがいつもそれ履いてるから、私も欲しくなる。買ってみようかな」と、笑いながら一つスカートを手に取り、鏡の前で合わせ始めた。なんだか誇らしく、嬉しかった。私は秘密を打ち明けあった彼女の手の温もりを思い出していた。

能動的に服を楽しんでいるか、他の要因の方が強いかで着ている本人は振る舞いが変わり、相手に伝わる印象も変わる。

彼女に会ってから、私にとって膝下のシミは秘密の薔薇となった。これは誰の目にも触れない自分だけの密やかなチャームポイントなのだ。コンプレックスを隠すのではなく、ロングスカートを思い切り楽しもうじゃないか、と。

あの時手を取って笑い合った彼女は、今元気にしているだろうか。
今日も良い1日だったと、燃える夕日の中で幸福な眠りについているのだろうか。
自分のための、薔薇の香りに包まれながら。

シュヴァルのショルダーバッグ

フランスのオートリーヴという田舎町に、「シュヴァルの理想宮」という建築物がある。１８７９年、郵便配達員だったフェルディナン・シュヴァルは歩いている時に変わった形の石につまずき、その石がシュヴァルの創造の扉を開かせた。彼が43歳の時だった。その日からコツコツと石を拾い集め、33年の月日をかけ夢の宮殿を建設したのだ。

様々な形の石を組み合わせて建てられたその宮殿は、巨大な子供が巨大な粘土遊びをして作ったように自由で、おとぎ話の絵本の中からポンと飛び出したような夢そのものの形をしている。

私が初めてシュヴァルのことを知ったのは20代後半の頃。テレビの取材で現地を訪れることになり、スタッフが用意してくれた資料を読み込んで大体の予想はしていったが、実際に宮殿を目の前にしてみると、その大きさと緻密さ、そして今まで見たどの建築物のジャンルにも入らない奇想天外な姿に圧倒された。

これをたった一人で作ったなんて……。

細部をまじまじと観察してみると小さな虫や動物が休んでいたり、門番のような巨大な3人の像の体には珊瑚《さんご》の表面のように小石がびっしりと施されていたりと、彼の手のひらから始まった小さな夢のかけらが徐々に成長し、生き生きと表情が生まれていく時間の経過まで伝わってくるようだった。

33年間、石を拾い集めている時シュヴァルはどんなことを考えていたのだろうか。いや、石を集め始めるその前から、郵便配達員として毎日30キロもの道のりを歩いている時、一体どんな想いを巡らせていたのだろうか。

旅行などしたことのなかったシュヴァルにとって、数冊所有していたという本が想像力の種になったと言われているが、その種を発芽させるだけのマグマのような情熱は、雨の日も風の日も粛々と歩き続けた、永遠とも思える時間が育てたのではと思う。

シュヴァルが粛々と歩いている姿を思い描く時、いつも必ずショルダーバッグを身につけている。

革で作られていて、ストラップの幅は5センチほど。元々は茶色だったが全体的に黒ずみ、腰骨に当たる部分は擦れてそこだけ色が薄くなっている。ペロンと革を覆って蓋をするようなシンプルなデザインで、何の飾り気もマークもない。しかし長年雨風にさらされてきた勲章として所々にシミがあり、皺が寄り、彼の手から出た油でほんのり艶めいて、大木の幹のような屈強さをかもし出している。

それが郵便局からあてがわれたものなのか、彼自身が仕事で使いやすいと用意したものなのかは本人でさえ忘れてしまうほど、もはや彼の身体の一部となっている。一歩一歩彼が脚を前に出すたびにショルダーバッグはリズムに合わせ小さく揺れ、肩にそっとつかまり、彼の呼吸をみださぬようピッタリと寄り添うことだけに集中している。

バッグの中にはその日配る郵便物と、彼のささやかなお昼ご飯のパンと林檎が入っている。それらが風に飛ばされたり鳥に突かれたりして彼がガッカリしないよう、しっかりと包み、守る。そして自分の仕事の責任重大さを密かに誇らしく思っている。

しかしどんな時も出しゃばらず、彼が想像の海を漂う時も決して邪魔をしない。いつしか徒歩のリズムは二人の境目を溶かし、一つの完全な形になり、粛々と空気を割いていくただの乗り物になる。そこに情熱を乗せ、さらに深く想像の海へと潜って行く。

このシュヴァルの取材をして以来ずっと、彼の持っていた（と私が勝手に妄想した）ショルダーバッグがいつも頭の片隅のどこかに住み着いている。

「初めて行った場所なのにどこか懐かしさを感じた」とか「初めて見た景色なのになぜだか涙が止まらなかった」という話をテレビなどで何度か聞いたことがある。

私はスピリチュアルなことは全くわからないし、前世の記憶など微塵もないのだけど（余談だが、よく当たる台湾の占い師に「あなたの前世はフナです」と言われたことがある）、しいて言うならば、この勝手に妄想したショルダーバッグが私の中の何かの蓋を開けたことは間違いないと感じている。

憧れともまた違う、何か。無性に強く惹かれ、心が苦しくなる。しかしその苦しさは苦痛ではなく、失くした自分の臓器をやっと見つけたような安堵感と、早く身体の中に戻したいという嬉しさを含んだ焦りのようなもの。

この感覚を初めて味わったのが5歳頃だったと思う。

叔母が私と姉にそれぞれポシェットを送ってくれた。真っ白なウサギの毛皮のようなポシェットで、肩紐はボルドー色のベルベット。ウサギの尻尾のような丸いポンポンが表面に一つ付いていて、それが閉じる時のボタン代わりにもなっていた。

ふわふわで可愛らしい見た目はもちろんだが、何より心を摑まれたのが「両手が自由に使える」ということだった。

それまでは何か持ち運びたい時はポーチや巾着袋に入れていたのでずっと手で持っていなければならなかったし、どこかに置き忘れてしまう不安もあった。

でもポシェットなら大丈夫だ。宝物のおはじきやシールを入れたままブランコにだって乗れる。その日から必ず身に付けて遊びに行くようになった。

大体中身は絵柄のポケットティッシュや絆創膏などだったが、何を入れたかより、自分で選んで入れたということが重要だった。

自分だけの小さな空間。それを自由に持ち歩けるだなんて、まるで身体の一部のようだと初めて感じた。誰にも知られない小さな世界をピッタリと寄せて持ち歩き、秘密を共有する相棒の尻尾をふわりと撫でた。

それは飛んで跳ね回る嬉しさというよりは、心が穏やかになる静かな幸福感だった。幸福感はヒタヒタと頭から足の先まで私を包みこみ、ポシェットと私の境目を無くした。

仕事柄いろいろな鞄を見る機会が多く、所有している鞄も多い方だと思う。

しかし、私にとってのシュヴァルのショルダーバッグはまだ見つかっていない。

思い描く理想のものは、何の飾り気もマークもなく、ここにいますよと主張しすぎていないもの。書類が入り、色は黒で、欲を言えば鞄の背中側にポケットが付いているといい。もちろん斜め掛けできるショルダータイプで、ストラップの幅は細すぎないもの。その方が長時間使用していても痛くならないだろう。

見た瞬間どこか懐かしく、もうこれ一つだけで十分ですと心から思えるもの。

そして身体の一部に感じるほど日常に溶け込み、照りつける太陽や舞い散る粉雪も一緒に受け止めてくれ、不安や喜びも大切にしまってくれるようなもの。

そんな私のシュヴァルのバッグは一体どこにあるのだろうか。この人生で出会えるのだろうか。そんなことを思いながら、もう何年もずっと探し続けている。

悔しいが、その時間もすでに幸福だ。

ピエロとマフラー

23歳の誕生日の２日前に入籍し、その半年後に結婚式を挙げた。まさかこんなに早く自分が結婚するとは思っていなかったので（結婚というものを自分の生活に照らし合わせたことがまだなかった）、人生いつ何が起こるかわからないなぁと、何か強大な力でぐいぐいと流されているような、自分の力ではどうすることもできない自然現象のようなものを漠然と感じながら過ごしていた。

ことの成り行きはいたって単純だった。「お互いの家賃を足せば、もっといいところに住めるんじゃないか」ということになり一緒に暮らす部屋を探し始めたのだ。

そのことを実家の母に電話で伝えると、「あんた、何言ってるの！　どっこの馬の骨！　嫁入り前の娘が男と住むだなんて、絶対だめ！」と言われた（この時人生で初めて「どこの馬の骨」という言葉をテレビや映画以外で本当に使っているのを聞いた）。しかも12歳年齢が離れていることも「あんた、騙されてるんでないかい？」ということになり、馬の骨はひょろりひょろりと一人歩きして母の頭の中で悪さをし始めていた。

母が怒っていること、父も反対していることを彼に伝えると「あぁ、それはそうだよね。娘のことを大切に想ってる証拠だよ。いいご両親だね。一度きちんとご挨拶に行かないとね」となり、二人で札幌に向かった。

カチンコチンに固まった4人のままサッポロビール園でジンギスカンを食べ、家に帰り二次会が始まり、へべレケに酔っ払った父と馬の骨が昔からの親友のように笑い合えるようになった時、おもむろに彼が正座をし、ろれつの回らない口調で、

「部屋が決まったらしゅぐに入籍しまふ。結婚させれくらはい」と言った。

父はいつものふざけた口調で、

「えー!?　こんな娘でいいの～?　もらってくれるの～?　根性なしで、はんかくさいよ～!　後悔するんでないよ。ぜひ、よろしくお願いします」

と答え、泣きそうな顔でくにゃりと笑った。

その時、この人のためにマフラーを編もうと思った。

初めて編み物をしたのが、小学6年生の時だった。くすんだピンク色の毛糸で、かぎ針

編みで編んだマフラー。単純な編み方だったけれど自分の手からどんどん形が生まれていくのが面白く、集中して編み続け1週間ほどでフサフサのついたざっくりマフラーを完成させた。自分がモノを作ったなんて！　と、それはそれは嬉しかった。

私の嬉しさを倍増させてくれたのが、祖母だった。

一緒に住んでいた父方の祖母と、実家の近所に住んでいた母方の祖母。二人ともよく編み物をしていたので、私の編み方のどこがどう良いのか、自分たちなりに解説し、最後まで諦めずに編み上げた頑張りをそれぞれの言葉で讃えてくれた。

もう少しフサフサが長い方が良かったかなぁと呟けば、父方の祖母は「十分でしょ。欲張るといいことないよ」と笑った。

何箇所か失敗して虫に食べられたような穴が空いているところを気にすると、「それがいいんでしょ。そういうのがあるから、その人の味になるんだよ」と、母方の祖母は優しくマフラーを撫でてくれた。

それから私は編み物が好きになった。マフラー、手袋、靴下、腹巻き、帽子、コースター、シュシュ、スヌード。飽き性でせっかちなのですぐゴールが見える小物ばかりだったが、それでも一つ完成するごとに一つ心に花が咲いた。

そして何よりも、編んでいる時間が好きだった。集中して編んでいくうちにどんどん感覚が研ぎ澄まされ、今何が大切で、何が余計な物なのか整理整頓されていくようだった。それは一旦立ち止まり、自分を見つめ直すことができる時間だった。

父のために選んだのは、焦茶色のカシミヤの糸だった。

銀行員の父はいつもスーツの上に黒いコートを羽織って通勤していたので、それに合うのはどんなものだろうかと、手芸屋の中をぐるぐると歩いて山のような毛糸玉の中からそれに決めた。やっと見つけた時は、そこだけスポットライトを浴びているように見えた。

カシミヤの糸は細く、マフラーにするにはペラペラで薄い仕上がりになりそうだったけど、太い糸のざっくりカジュアルなものよりスーツには合わせやすそうだ。幅を広くすれば巻く時にくしゃりとなってボリュームも出るから薄さも気にならないだろう。よし、時間はかかりそうだけどこれにしよう。

掌《てのひら》に乗せられた焦茶色の温もりは今まで触れてきたどんな毛糸よりもふんわりと柔らかく、優しく、暖かかった。チョコレートのようなこっくりとした深い色味と手に吸い付くようなしっとりとした滑らかさは、落ち葉の下に隠れているふくよかな土のようだった。値段はこれまで買ってきた毛糸玉の5倍くらい高かったが、黒いコートに合わせている父の姿を想像すると、戸惑いはすぐに誇らしさに変わった。

　棒針で、一番シンプルなメリヤス編みで編み始める。何度もほどいては編み、ほどいては編みを繰り返し、どれくらいの幅が良いのかじっくり吟味する。目の数さえ決まればあとはただひたすら手を動かすだけだ。

　ぐんぐん編み進めていくと徐々にリズムが生まれ、力が抜けていき、さくさくと編めるようになる。そうなってくると次々と頭の中にいろいろなことが浮かんでは消え、浮かんでは消えていく。

　さく、さく、さく。

　今晩のおかずは何にしよう。明日は靴を脱ぐスタジオだからサッと脱げるローファーで行こう。あのドラマの犯人は絶対あの女優だと思う。あ、トイレットペーパー買いに行かなきゃ。お昼はラーメンにしようかな。確かサッポロ一番塩ラーメンが一個残ってたはず。子供の頃パパがよく作ってくれたな。残った汁にご飯とバターも入れて二人でよく食べたっけ。でもパパはそれで太ってスリーサイズが１００・１００・１００になったんだよなあ。あれから少しは痩せただろうか……。

　さらに編み続けているうちに頭がぼーっとしてきて、ぬるりぬるりと魂が抜け出し、手だけが完全に独立した生き物のようになっていく。呼吸するように動き続ける手を遠くからぼんやり見つめていると、埋もれていた記憶がよみがえり、手にはペンチが握られていた。

あぁ、そうだ。小学生の時、父の道具箱に入っていた赤い持ち手のペンチをこっそり持ち出して学校の図工の時間に使ったことがあったっけ。持って帰るのを忘れてずっと図工室に置きっぱなしにしてたら、そのまま学校の備品になってしまった。「ここからペンチ持ち出したの誰だ？　今正直に言えば怒らないから言いなさい」と私の背中に向かって言ってきたけど、もうその声はすでに怒ってた。だから私は知らんぷりしてしまった。

さく、さく、さく、さく。

さく、さく、さく。

「えー!?　こんな娘でいいの～？　もらってくれるの～？　根性なしで、はんかくさいよ～！　後悔するんでないよ。ぜひ、よろしくお願いします」

あの時ふざけていたけど、スラスラと台詞《せりふ》のように答えていた。内心ドキドキしていたのを隠すために茶化す口調で余裕を見せたつもりだったのか。

いつも自分がピエロのようになってその場を柔らかくすることは、父の大好きなところでもあり、大嫌いなところでもあった。

悲しい時も、悔しい時も、なぜいつもふざけてしまうのか。ペンチを失くして数日後に同じ物を買ってきて、「今度はお化けに盗まれないようにしよーっと！」とわざと私に向かって言ってきた。私は怒られないで済んだことに内心ホッとしたが、ふざけて空気を乱すことで会話の優位に立とうとしているように感じられてイラッともした。

思春期の時はそれが嫌で嫌でたまらなく、自分はそうはなるまいと思っていた。しかし社会に出ていざ人とコミュニケーションをとってみると、ピエロになることを武器にしている自分にゾッとした。なぜ父に似てしまったのか。父も私も大学に行っていないから学の無さを隠すためにピエロになって誤魔化そうとするのだろうか。ちゃんと大学に行って勉強すればよかった。あぁ、なんでこんなに自分は馬鹿なんだ。いや、大学は関係ない。そもそもの生まれ持った脳みその出来が違うんだ。飽きっぽく、目の前の楽ちんさを優先させ、ズルくて努力が嫌い。こんな自分が他人と一緒に生活なんてできるんだろうか。このまま結婚していいのだろうか……。

「十分でしょ。欲張るといいことないよ」

「それがいいんでしょ。そういうのがあるから、その人の味になるんだよ」

ぼーっとした頭でいろいろな景色を眺めながら強い力にただ流されていると、腹のたったあのことも悲しかったあのことも、不安も寂しさも、絡み合い、引っ張り合いながら記憶に編み込まれ、ほんのりと優しい残り香を漂わせている。

そして全ては自分で選択し、全ては編み目のように繋がっていることにぼんやりと気がつく。

起こる物事に意味などなく、自分がそれにどう意味をつけどんなふうに繋げるのか、一つ一つ整理整頓していくように黙々と手を動かした。

結婚式の直前に家族で温泉旅行に行き、そこで父にマフラーを渡した。

完成したマフラーは幅30センチほどで、長さはパタンと二つ折りにして輪に通した時にちょうど良いくらいにした。サラリーマンの父が使いやすいよう、フサフサは付けなかった。シンプルな編み方なゆえに余計にあらが目立つが、まあそれも良しとしよう。

はだけた浴衣姿のまま嬉しそうにぐるぐると首に巻き、鼻の頭に汗をかきながら、

「わー嬉しい！　店でいくらで売れるかな～！」

とふざけて言っていた。相変わらず冗談にもデリカシーがない。

「100万円はイケるね」

と笑って返すと、

「えー！　それっぽっち!?　じゃあ、売～らない！」

と言って、泣きそうな顔でくにゃりと笑った。

さらばブラジャー

年齢を重ねるにつれ、完全に着なくなったアイテムがいくつかある。細身のジーンズ。ピタッとしたカットソー。膝丈のスカート。Vネックのニット。ヒールの靴。ロングブーツ。重たいコート。重たいバッグ。その他諸々。体型や環境の変化が心にも変化を起こし、他人の目線を気にしたお洒落ではなく、自分の快適さを優先させたお洒落に少しずつ移行していった。

その中でももう私の人生でおそらく二度と身に付けることはないだろうなぁと思うのが、ブラジャーだ。

こうして「ブラジャー」と文字に書いてみるだけでもすでに懐かしく、「ブ」と「ラ」と「ジャー」という文字の羅列が遠い昔の言語のようで、私の中では完全に過去のものになっていると、今しみじみ感じている（余談だがフィジーでの「こんにちは」は「ブラ」と言う。24歳の時に初めてミステリーハンターとして訪れた国がフィジーだった。あの頃はまだしっかりブラジャーを付けていたなぁ。遠い目)。

いつから使わなくなったかというと40代前半辺りからだとは思うが、一念発起して「今日からブラジャーを卒業します」という線引きがあったわけでもなく、いつのまにか気がついたらなんとなく付けなくなっていた。

おそらく出産前後の胸の変化がきっかけだったと思う。妊娠中にどんどん胸が大きくなり、ブラジャーを新しく買わなければいけなくなった。授乳期にも使えるという物を買ったが、2時間おきのおっぱいおっぱいは深夜も当然で、ブラジャーを付けたまま寝ると苦しく、睡眠不足で疲れ果てていた私は少しでも身体が楽な方へと、カップ付きキャミソールに変えたのだ。

それがとても快適だった。何より、お風呂上がりすぐにブラジャーを付けなくても良いというのが最高に解放感があった。カップ付きキャミの裏に授乳パットを付けていればなんの問題もなかった。

いろいろなものを試してみて一軍に残ったのは、「シルクふぁみりぃ」という奈良で作っている日本のメーカーのものだった。特にマーガレットという種類のものが気に入り、何度も何度もリピートしていてもう何年間もずっと愛用中だ。これを書いている今だって着用している。
それは正確にいうとカップ付きではなく、カップが入るポケットがあるタイプで、カップは別売り。シルク１００％で、色は生成りとグレーの２色。暑い時にはサラリと快適で、寒い時にはじんわりと暖かい。敏感肌でも健やかに過ごせるように考え抜かれた縫製はとことん優しく、その上ものすごく伸縮性があるので妊婦さんにもお勧め。私も何人ものおめでたの友人にプレゼントしたことがある。

もしこれを読んでそんなにいいなら買ってみようかなぁと思った方がいたら、バストのサイズにかかわらずカップはＬサイズがお勧めだ。その方がポケットの中でカップが泳がず安定する（注：私調べ）。

自分のためのお洒落という意味では、その最たるものが部屋着だと思う。

私の定番スタイルは、二軍に落ちたヘインズのＴシャツに、無印良品のメンズのスウェットの上下。パジャマは持っていなくて寝る時もこのスタイルのまま。おぉ。ここまで書いてみて気がついてしまった。まるで息をするように何にも考えず「そこにあるから着る」という感覚で、自分のためのお洒落だなんておこがましい。なんと無難で単純なこと。

いや、無難が悪いわけではない。スウェットのメリットはちょっとコンビニまで急いで行くことになったとしても何か羽織れば行けてしまうこと。それに何と言っても突然の宅急便に慌てないことだ。ちなみに私の場合だが、いつも（寝る時にも）シルクふぁみりぃのカップキャミを身に付けているのでバストトップ問題もクリアしている。

こうして改めて考えると無難万歳ではないか。無難こそ最高。長年愛用している「無印良品」や「ユニクロ」にも絶大な信頼を置いていて文句なんて全くない。サイズも豊富でガンガン洗濯機で洗えてお財布にも優しいときたらもう「部屋着界の駆け込み寺ＤＥ賞」をあげたいくらいだ（注：私調べ）。

うーん。でもなんだろう。この気持ち……。実家が嫌いになったわけではないのに、ずっとここにいたらどんどん堕落してダメになってしまいそうな、他の景色も見てトキメキたいような、そんな気持ち。帰る場所があるからこそ、ちょっと冒険してみたいような、背伸びしてみたいようなムズムズ感。息子が産まれてグッと外食も減り家で過ごすことが多くなったのも、部屋着に対する意識が変わり冒険の後押しをしてくれたような気がする。

「いいよ。行ってらっしゃい。他の景色も見ておいで。経験しておいで」と。

そこで私がまず冒険に行った先は、「プリスティン」だった。これはオーガニックコットンの衣服を販売しているメーカーで、息子が赤ちゃんの時にはよくロンパースを着せていた。

思えば我々だって赤ちゃんと同じではないか。家でリラックスして過ごしたいという意味では。大人だって肌触りが良くて、デザインも小洒落ていて、着ていて気分が上がるようなものに包まれてうっとりと快適に過ごしたい。それに少々値段が高いというのもなんとなく「自分のためだけにこんな贅沢をしてしまった。くぅ。悦《えつ》だぜ……」と痺《しび》れるスパイスになり、まるで自分がその値段の分だけ価値のある人間になれたかのような錯覚になる。そんな言い訳をあれこれ考えた後、ウキウキと「プリスティン」のオンラインページを開いた。

あぁ。どれもこれもとても素敵だ。オーガニックコットンの優しさをそのまま形にしたような、ふんわり身体を包み込むデザインはとてもシンプルで柔らかそうで、こんなまろやかな部屋着で過ごせたらどんなに良い気持ちだろうと、心がぽかぽかしてくる。うふふ。そしてこれらの商品にふさわしい自分になりたいと、今すぐ部屋を整えたい気分急上昇。そうか、この素敵なパッケージ（部屋着）に合うような、素敵なパッケージ（部屋）にしたくなるのか。なんてこったい。そんな嬉しい枝葉が広がるなんて、もう買ってしまおうか。ポチッとしちゃおうか。うーん、でも合うサイズがなさそうだ。１６８センチの私がゆったり大きめに着るにはやはりメンズがいいかなぁ……。

　メンズというワードに次の冒険の扉が開いた。

　そういえば、アスリートの旦那を持つ友人が「このリカバリーウエアがすごい。うちは夫婦で着てるよ」と教えてくれたものがあった。ゴールドウィンのリカバリーウエア「Ｃ３ｆｉｔ」。さっそく調べてみよう。なになに、光電子、遠赤外線、免疫力、ミトコンドリア、酵素、オーガニックのラフィコットン、裏起毛、エコ素材……。ううむ。詳しい仕組みはさておき、とにかくこれは良さそうだ。身体の体温を「加温」ではなく「保温」することがリカバリーには重要ポイントらしい。プリスティンの時は心がぽかぽかしていたけれど、「Ｃ３ｆｉｔ」は実際に身体がぽかぽかと心地よいのがもう想像がつく。そういえば最近寝ても疲れが取れないんだよなぁ。若い頃は明け方まで飲んでラーメン食べて帰ったって2時間くらい寝ればツルピカでピンピンしてたのに、同じ身体とは思えないこの衰えっぷりよ。しかもよく考えたら1日のうち3分の1は眠っているんだから、その時間をしっかりリカバリータイムにしておけば日中の効率も良いに決まってる。迷うなぁ。ポチッとしちゃおうかなぁ……。

ジャングルの奥地に迷い込んだように、ぐるぐると何度も何度も行ったり来たり引き返したりして、何日もかかる大冒険となった。そして結果的には、なんと、両方とも買ってしまった！　くぅ。お・と・な！　……と言いたいところだが、実はいっぺんに買ったわけではない。

その時、本当に苦しくなるほど迷いに迷った私は、初心に戻り「心のぽかぽか」を選んで、まずはプリスティンを買った。息子がヤンチャ盛りの2歳くらいだったから私は40歳くらいだったと思う。

部屋で過ごすためだけなのにこんな高価なものを買ってしまったと、甘い罪悪感が心の棘を抜き、今の生活を抱き締めるような、そのままの自分を許せるような感じがした。誰かに褒めてもらえたり、評価してもらう幸福とはまるで違う満足感。散らかった部屋だって陽が差し込めばアートになる。今だけしか見られない光と影を観察すればいいじゃないかと、まさに心に陽が差し込んだようだった。

そして45歳の誕生日、明らかに疲れやすく冷えやすくなってきた体調の変化に「身体のぽかぽか」の必要性を感じ、「Ｃ３ｆｉｔ」も買ってしまったのだ（余談だが一回り上の旦那が私より先にこの「Ｃ３ｆｉｔ」を冬のパジャマとして愛用しており、その良さを日々伝えてくれていたので信頼感は抜群だった）。

あからさまな熱を外部から与えられるのではなく、「自分本来の快適な体温」が保たれることが、こんなに身体に負担がなく心底リラックスできるとは、若い頃には気づけない嬉しい発見だった。

もちろん今でも「部屋着界の駆け込み寺」がベースにはなっているが、「心のぽかぽか」「身体のぽかぽか」の三《み》つ巴《どもえ》で「おかえりなさい。今日もお疲れ様。今日はどれにする？」と言われているようで、毎日の小さな幸福となっている。

最後にもう一つブラジャーの話を。

実は私のクローゼットからブラジャーが完全に消えたのは、つい最近だ。

それまで私生活ではブラジャーを「卒業」していたが、仕事にはまだベージュのブラジャーを持って行き現場で身に付けていた。モデルの仕事では様々な衣装を着るので、まず「ベージュの下着」であること、そしてピタッとした服でも「胸の形が綺麗に見えること」が大切だからだ。

しかしブラジャーをわざわざ持参するのが面倒になり、「ハンロ」というメーカーのベージュのカップ付きキャミを仕事用に購入したのだ。おかげでピタッとした衣装の時もまあるい胸が背筋を伸ばしてくれる。

最後のブラジャーを処分した時、私のスタンダードが更新した、と感じた。

これからさらに年齢を重ね、次に皆さんにお伝えする時にはどんな風にまた変化しているのか、今から楽しみで仕方がない。

けだま

初めて東京に来た時の印象は、「まるで宇宙ステーションみたい」だった。

空を縫うようにビルとビルの間を高速道路が走り、星の数よりも電光の数が多く、テトリスのように建物がぎっしりと隙間なく配置されていて、バスの窓から「こんなところに人が住めるのか。まるで宇宙ステーションみたい」と静かに驚いていた。

修学旅行で友達と一緒だったからか、行った先がディズニーランドや浅草などの観光地ばかりだったからか、どこもとことん明るく輝いて見え、ぎっしり詰まった建物さえも嬉しそうに肩を寄せ合っているようだった。

そこには一握りの悩みも不安も後悔も感じられず、どの景色も心のクラッカーの紐を引っ張り続けカラフルな紙吹雪で彩った。眩しくてクラクラした。

モデルとして上京してからもその第一印象は続き、毎日お祭りのようにフワフワと過ごしていた。一人暮らしの寂しさすら新鮮で、ホームシックになるよりも七畳の自分の城をどう飾るかで忙しかった。

仕事があることが嬉しかった。家賃が払えることが誇らしかった。さまざまな現場に行き、いろいろな人に会い、食べたことのないものを食べ、次々にやってくる幸福に追いつこうと必死だった。

阿部家に嫁いだのはそんな時期だった。


結婚の挨拶のために初めて相手の家を訪ねるというシチュエーションで、果たして浴衣で行くことが正しいのか間違っているのかだなんて、当時の私には考える発想がなかった。フワフワした22歳の感覚は世の中の作法を軽く飛び越え、「きちんとした服を持ってないから、浴衣で行こう」となぜだか閃いてしまったのだ。

白に近い淡いクリーム色の生地の中、鮮やかなオレンジ色の金魚が若草色の藻を引き連れて気持ちよさそうに泳いでいる。浴衣カタログの撮影の時に衣装として着用し、一目惚れして買い取らせてもらったものだった。「撮影で使った」ということも他とは違う選ばれた一枚を着ているようで、密かに得意げな気持ちを噛み締めていた。

発色の良いオレンジと黄緑色のコントラストは若々しさに溢れ、自信にみなぎっているように見えた。帯も片面がオレンジ、もう片面が黄緑色になっていて、撮影の時のように前を少し斜めに折り、両面の色が見えるように結んだ。

シワのないピシリとした浴衣はそれだけで特別な1日の始まりを予感させる。いつもと違う今日という日を意識させ、これから始まる当たり前に少し緊張をもたらした。

電車の窓から差し込む光が金魚を照らしていた。発光した金魚は優雅に身をくねらせ、世界の祝福を堂々と受けているようだった。

阿部家に着いて玄関のドアを開けると、義父、義母、義姉、義姉の夫の4人がニコニコと満面の笑みで迎えてくれた。

「あらぁ！　可愛い！　浴衣で着てくれたの？　ありがとねぇ。電車大変だったでしょう。ありがとねぇ。素敵だねぇ」

彼から「みんな良い人たちだから、きっと浴衣もすごく喜んでくれると思うよ」と言われていたが、想像以上の温かな歓迎に僅かな緊張も全て吹き飛んでしまった。

「せっかく浴衣で来てくれたんだから、みんなで記念写真撮ろう」

床の間のある和室にはすでにたくさんの料理が並べられていた。色とりどりのお皿に小鉢。こんなにたくさん準備をしてくれていたなんてと、胸が熱くなる。

みんなで並んで写真を撮った後、さあご飯を食べようか、という時に私は言った。

「あの……。ご飯を食べる前に、浴衣、脱いでもいいですか？　これだと苦しくて、いっぱい食べられなくて……」

フワフワした22歳の感覚なりに、あくまでも大真面目だった。

言葉を理解するだけのほんの一瞬間《ま》があき、その後はどっと笑いが起こった。

「いいよ、いいよ、脱ぎなさい。そうだよねぇ。帯がきついもんねぇ」

ひとしきり笑い合った後、義母に手伝ってもらいながら隣の部屋で浴衣を脱ぎ、持ってきたプチバトーの紺色のＴシャツとウエストがゴムの花柄のスカートに着替えた。そしてさらに私は義母にこう言った。

「あの……。浴衣、畳んでもらってもいいですか？　畳み方を忘れちゃって……」

義母はまた「おかしくてたまらない」という風に声を出して笑った後、優しい笑顔でじっと私を見つめ、

「畳み方、教えてあげるよ」と言った。

「ありがとうございます。教えてください」

二人でしゃがみ浴衣を畳み始めた。義母が金魚を撫でるようにピシリと手のひらでシワ

を伸ばし、縫い目の線に合わせてパタリと畳んでいく。

「ここをこうやって合わせてね、こうやって折ると、綺麗に畳めるの」

「そうだ、思い出した。そうやるんだった〜」「思い出してきた？」などと言って笑い合い、ピシリ、パタリと畳まれていく浴衣を見つめていた。真っ直ぐな線は迷いがなく、すっと伸びた平面は何もさえぎるものがなく、どこまでも澄んだ泉が広がっているようだった。義母の柔らかそうなふくよかな掌に撫でられ、金魚はうっとり気持ちよさそうに見えた。その時ふいに義母が言った。

「なおちゃん、うちの、お嫁さんになってくれるの？」

　気持ちの良い春の陽射しが窓から差し込んでいた。隣の部屋からどっと笑い声が聞こえる。もうビールが進んでいるのだろう。義父は酔っ払うと秋田弁が色濃くなると言っていたが、秋田弁ってどんな感じなのだろう。北海道弁と似ているのだろうか。聞くのが楽しみだな。義姉はとても歌が上手いらしい。私は音痴だから羨ましい。義姉の夫は初めての結婚の挨拶の時ひまわりの花束を抱えて来て、それ以来ひまわり君と呼ばれているそう。私も今日からそう呼ぼう。

　金魚だけがじっと二人の会話に耳を澄ませていた。

「はい。阿部家のお嫁さんにしてください。よろしくお願いします」

私がそう言うと義母は顔をあげ、照れ臭そうにえへへと笑った。

「ありがとねぇ」

小さな目がさらに小さくなって、泣き顔のようだった。私もえへへと笑った。


30歳を目前にして、まるでベルトコンベアーに乗っているような日々だった。仕事、仕事、ご飯、仕事、飲み会、仕事。次々に変わる景色。坦々《たんたん》とこなす作業。

人は感謝を忘れると疲弊する。打っても打ってもまたすぐに飛んでくる球をただ打ち返していると、果たしてこれに何の意味があるのか、打ったからといって何が残るのか、そもそも何のために打っているのかわからなくなる。

全て自分で選択してきたことなのに、それを棚に上げ人のせいにする。それなのに支えているものは人からの称賛だった。

こんなに忙しくてすごいね。休みはあるの？　旦那さん背が高くてかっこいいね。若いのに仕事と家庭を両立してて素晴らしいね。

——子どもは作らないの？

たった一つのピースがないだけで、そこからスースーと風が入り込む。キラキラ、フワフワ、ワクワク、ドキドキ。色とりどりの紙吹雪が舞う宇宙ステーションには、穴があってはいけない。その穴から紙吹雪が逃げてしまわないよう、他のピースを強化して穴を埋めなければ。仕事をして、お金を稼いで、洋服を買い、美味しいものを食べ、素敵な家具を買い、旅行に行こう。いや、それなら今だって十分にしているはずだ……。

久しぶりに実家に帰り、義母と義姉と3人で晩ご飯の準備をしていた時のことだった。義母がイカの刺身を切り、義姉が鶏の唐揚げを揚げる。私はいつものように二人のアシスタントになり、洗い物をしたりお皿を出したりしていた。3人の動きはもうすっかりリズムが定着し、流れるようにスムーズだった。

結婚して数年は「なおちゃんも早く子ども作りな～。自分の子は本当に可愛いよ～」と挨拶がわりに義母も言っていたが、仕事がどんどん忙しくなり海外を飛び回るようになると「なおちゃんすごいねぇ。今度はどこに行くの？　がんばってねぇ」というものに変わった。

義母は本当に優しい人だった。みんなから「かあちゃん」と呼ばれ、私も同じようにそう呼び慕っていた。福耳で、色白で、笑い上戸。誰に対しても負けることができる、穏やかで愛情深い人だった。

「あ〜、こんな適当な切り方になっちゃった。ま、胃に入れば同じだし、いっか。えへへ」

いつものようにイカを切り、いつもと同じことを言い、いつものようにえへへと笑う。いつものありふれた光景さえも、心が疲弊していると色褪《いろあ》せて見える。

義母はベージュのカットソーの上に、いつもと同じ赤茶色の中綿のベストを着ていた。朝起きた時もお風呂上がりも出先から帰って部屋着に着替えた時も、その中綿のベストを着て「かあちゃん」の完成だった。何年もずっと同じものを着ているせいか、内側の白いボアはつぶれ、毛玉だらけだった。そこには優雅さはなく、世界からの祝福もなかった。

こんなはずじゃなかったんじゃないか。金魚が連れてきてくれた未来は本当にこの場所だったんだろうか。

かつて望んだ未来が本当にここで合っているのか答え合わせをする術はなく、空っぽの心にはもう紙吹雪も舞っていなかった。

「かあちゃん、何のために、働いたりご飯食べたりするのかな。結局なんの意味もないんじゃないかって、最近ずっと考えてるんだ……」

義母と義姉は「え〜」と笑って顔を上げ、少し驚いた顔で私を見つめた。そして義母が言った。

「なおちゃん、そんな難しいこと考えてるの？　えらいねぇ。私なんてイカ切ることで頭いっぱいだよ。えへへ」

「味見係お願いします〜。合格でしょうか？」と、義姉が唐揚げを口に入れてくれた。揚げたては熱く、焦げた醤油の香りが香ばしくてとても美味しかった。「んまっ！　合格です〜」といつものように私が言うと、いつものようにみんなでえへへと笑い合った。

その時私は母の足に出来たタコを思い出していた。

母は保険会社で営業の仕事をしていたので、いつもバシッとスーツを着て、低めのヒールのパンプスを履き、カツカツカツと早足で歩きながらあちこち飛ぶように移動して仕事をしていた。

働きつつも家事も育児もいっさい手を抜かず、惣菜がテーブルに並ぶことはほとんどなかった。おそらく姑との微妙な関係が影響していたかと思うが、それは二人にしかわからない。

仕事から帰って来てスーツ姿のままご飯を作り、食べ、お風呂に入り、やっとほっと一息つく時、大体母は娘たちの耳垢《みみあか》を取るか、自分の爪を切るか、足に出来たタコを削ることが多かった。

今日は耳垢か、爪か、タコか。耳垢は取ってもらうのはありがたいが痛いんじゃないかといつもヒヤヒヤするからできることなら避けたい。爪はこの前切っていたし、まだそんなに伸びてない。今日はタコかもしれない。いや、どれもやらずにみかんをむしゃむしゃ食べるというパターンもある。今日はどれだろう。

何気ないいつもの時間の流れで、いつも同じことを流れるように考えていた。

今日は、タコだ。

おそらく元は靴擦《くつず》れがきっかけだったのか、足の甲のくるぶしの近くに丸く盛り上がった角質があり、他の皮膚とは明らかに違う白っぽい頑丈な壁となっていた。

ヤスリで削り、爪切りで切り取り、指で無理やり剝《は》がされてもなお、タコは必ず再生していた。なぜ切り離すのですか、わたしはすでに正式なあなたの身体の一部になったのですよ、と言わんばかりに。

しかし母はそれも含めタコの存在そのものを容認しているようだった。

盛り上がった角質を一通りの方法で削り取り、ガタガタになった皮膚の表面に馬油を塗る。そしてまた明日になれば何事もなかったかのようにパンプスを履き、いってきますとドアを開ける。舞台の上では完璧でなくてはいけない。きちんとメイクをして髪も整え、嫉妬も負けん気もスーツを着せて、喜びも悔しさも鞄に詰め、理性を保ちながら完璧に演じなければならない。まるで私の足にはタコなんかありませんよと、ささやかな秘密をストッキングで覆い、カツカツカツと縦横無尽に闊歩する。誰かと台詞を交わし合い、交わした言葉によって自分とはこういう人なんだと確認する。舞台の上では嬉しいことにも悔しいことにも照明が当たり、紙吹雪のように華やかに舞っている。そしてその日の演目が終わり舞台から降りてメイクを落とし衣装を脱いだ時、やっと隠れていたタコが顔を出す。「お疲れ様。今日もたくさん歩いたね」とまるで労《ねぎら》うように、母が頑張った分だけまたタコは膨らみ、再生を始めている。母は、娘たちは、舞台裏の散らかった部屋でじっとそれを見つめ、今日も一日無事に終わろうとしていることを確認する。

私は東京に戻ってすぐに、母に電話をかけた。

「自分は今すごく忙しくて大変と思っていたけど、ママがこの年齢の時、もう子どもも二人いて、お姑さんとも同居して、バリバリ仕事もして家事もして、比べ物にならないくらい、ものすごく大変だったね……。幼すぎて当時は気が付けなかったけど、本当にありがとう」

「え〜。突然何言ってんの〜。あはは」と笑った後、「……ん、ありがと」と母は言った。

感謝をすると心が癒え、弱さを認めると心に筋肉が付く。母との電話を切った後、まるで霧が晴れたように明らかに景色が変わって見えた。

傲慢だった。

夢を途絶えさせまいと必死のあまり、仕事の数が安心の数だった。それがいつしかそのまま自分の実力の数値と思い込み、それを揺るがないものにするのが人からの称賛だった。他者から与えられる幸福は甘いが脆《もろ》く、すぐに溶けてなくなってしまう。不安を解消するためにもっともっとと仕事をし、そして消費された自分を取り戻すように買い物をした。

子どももいつかは欲しいと思っていた。だから素直にそう答えればよかったのだが、疲弊した心では他者から言われるたびにまるで「欠陥商品」とハンを押されているようだった。誰もそこまで関心を持って聞いていたわけではないのに、なんと自意識過剰だったことか。他人の評価ばかりを気にして自分の舵取りを怠れば、いつの間にか他人の言葉に流され、自分でも気がつかないうちに迷子になってしまう。

全ては自分の傲慢さが原因だった。

頑張っていたのではない。頑張らせてもらっていたのだ。頑張る場を与えてもらい、生かされていただけなのだ。そして仕事においても私が中心ではなく、全体を完成させるためのほんの手助けをさせてもらっていただけなのだ。

二人の母が、そのことを教えてくれた。日々粛々と、自分のやるべきことをやること。

そして何より、いつも変わらずに帰る場所があるということ。

牛乳パックの鉛筆立てとチラシで折ったゴミ箱が似合う、古臭く庶民的な場所。かつては逃げたくてたまらないと思っていたその場所に、今でも自分の見えない心臓がある。

仕事から帰った母が、父が、学校から帰った姉が、私が、どうしようもなくみっともない格好でお尻をかき、オナラをし、タコを削る。誰にも見せられないこの散らかった舞台裏の部屋で、明日の演目をチェックし、今日の疲れを癒す。洗練された場所はどこにもなく、そこかしこに生活の跡がある。煮物の匂いが染み付いた台所。汚れた窓に埃の積もったピアノ。穴の開きそうな靴下に干からびた昨夜のシャケ。そんなくだらない空間でお互い身を寄せ合い過ごしたあの時間そのものが、私の心臓だ。

「なおちゃん、うちの、お嫁さんになってくれるの？」
そしてあの時義母は、私たちの家族になるか？　と聞いてくれたのだ。舞台裏の部屋には金魚もいなければ、紙吹雪も舞っていない。だけどそこには必ず家族それぞれの居場所がある。どんな時でもいつものようにそこにいて、みんなでコタツに入って緑茶をすすり、お笑い番組を見て、暗くなってきたらイカを切る。時には喧嘩することもあるだろう。良いことばかりじゃなく、煩《わずら》わしいと思うことの方が多いかもしれない。それでもいい。みんないつものくたびれた部屋着を着て、義母は毛玉だらけの中綿のベストを着て、お互いのカッコ悪さをカッコ悪いとも思わず、混ざり合い、馴染み、家族は一つの景色になっていく。

かあちゃん、家族にしてくれて、ありがとう。

義母の亡骸を火葬する時、人数の都合上「血縁関係のあるご家族の方だけ中にお入りください」と言われ、私と義姉の夫はガラス越しに部屋の外から見守っていた。

部屋の真ん中に棺が置かれ、その前に義父と、義姉と、彼が少し間隔をあけて並んで立つ。

ガランと広い殺風景な部屋。余計な装飾はいっさいなく、まるで宇宙ステーションのようにチリ一つ落ちていなさそうな無機質な空間だった。

最後のお別れをする3人。ガラス越しでもその背中から静かな悲しみが伝わってきて、私はすんと一つ息を吐く。

「おちゃーちゃん、泣いてるの？」

腕の中の息子が私に聞いてくる。私は涙を拭《ぬぐ》う代わりに息子をぎゅっと抱きしめる。

家族は、泣くためにある。

「大丈夫だよ。ありがとうって、伝えてるんだよ」

私はより一層強く息子を抱きしめ、3つの黒い背中を見つめ続けた。

おわりに

今回タイトルにもした「けだま」とは、日々のなんてことない営みや、その時間そのものを表したいという想いを込めてつけました。

毎日必死で、鬱々とすることもあり、決して楽しいことばかりではない日常。気がつけばいつの間にかできている毛玉を目にすると、嫌でも生活の息づかいを感じてしまう。

しかし、それこそが魂を寄せ合って暮らしてきた証なのではと、そんな毛玉ができるような日常の時間そのものが愛しくてたまらないのだと、感謝にも似た想いで書きました。

最後の章の「けだま」を書き終えた数日後に、義父が天国へと旅立ちました。

「ただいま」と「おかえり」を何度も繰り返し、いつもどっしりとそこにいてくれて、家族を守り続けてくれた義父。

いく日か後に、本文に綴った宇宙ステーションのような火葬場に再び行くことになるとは、何かに導かれているのではないかと、不思議な力のようなものを感じざるを得ません。

いや、不思議ではないのかな。

とうちゃん、ありがとう。


そして何よりも、この本を手に取ってくださった皆様、本当にありがとうございます。22編。それぞれの感じ方でそれぞれに咀嚼していただけたのなら、そしてどこかのエピソードで大切な人の顔が少しでも頭に浮かんだとしたら、あぁ、書いてよかったなぁと、嬉しく思います。

最後に、的確なアドバイスと柔らかな励ましで支えてくださった大和書房の小宮さん、優しい笑顔で私の弱さを受け止めてくれているマネージャーの宮本さん、そしていつでも最強の味方でいてくれる夫に、家族に、心からの感謝を贈ります。

浜島直子

浜島直子（はまじま・なおこ）

1976年北海道札幌市生まれ。モデル。愛称「はまじ」。
『mc Sister』にて18歳でモデルデビュー。『LEE』では10年間専属モデルを務めるなど、現在も様々な女性誌で活動中。また、TBS「世界ふしぎ発見！」では12年間ミステリーハンターとして出演する他、NHK「あさイチ」、bayfm「Curious HAMAJI」など、多くのテレビ・ラジオ番組にも出演している。2020年には初の随筆集『蝶の粉』（ミルブックス）を上梓。夫アベカズヒロとの創作ユニット「あべはまじ」では絵本作家としても活動しており、ひらさわまりことの共著に『しろ』『ねぶしろ』（以上ミルブックス）がある。
浜島直子公式サイト　http://hamaji.jp
インスタグラム　hamaji_0912

けだま

2023年5月1日　第1刷発行

著者　浜島直子《はまじまなおこ》
発行者　佐藤　靖
発行所　大和《だいわ》書房
東京都文京区関口1-33-4
電話　03-3203-4511
装丁　名久井直子
イラスト　大塚文香
校正　大川真由美
本文印刷　信毎書籍印刷
カバー印刷　歩プロセス
製本　小泉製本

ISBN978-4-479-78584-2
乱丁・落丁本はお取替えします
http://www.daiwashobo.co.jp